超以“象外”，不囿于“象”，是为“意”。

追求“更好”，不止于“好”，是为“匠”。

意匠创作，从“造物”到“谋事”，是精研技艺之上，了然于心之后，“知之”“好之”“乐之”才能体会到的一种心境。

意匠之妙在于知行合一，在于技韵相通，在于形神兼备。

——

提倡白话建筑，在日常的生活中寻找诗意；追求类型贡献，用各自的智慧呈现匠心。

——

建筑本体被踏实而恰当的建造出来，既不故弄玄虚，也不装腔作势，而是与人的实际生活发生密切联系。以建筑的方式去关怀人的情感，同时还能显现出人的创造力和革新精神。

白话建筑：在情理之中寻找情理之外；类型贡献：创造新的空间形式；积极介入：建筑师自身的感悟与所处环境的结合；景观导向：营造易于感知的半公共空间景观。

设计肩负文化传承和创新的使命，是设计者素养、知识、技能在物质空间环境营造上的一种投射，同时又经由这种实践而获取思想、知识和技能的进步。

一直喜欢那些清晰、有节制且充满智慧的建筑，它们的设计策略简洁有效，尊重环境、空间适度，建造方式巧妙合理，创造性地利用种种限制资源，并能恰到好处的达到感性与理性的平衡，营造出有意境的空间氛围，在强调个人追求的同时考虑建筑的社会责任，在一种举重若轻的操控下，回归建筑的本质。

对于建筑创作，我倾向于把建筑作为城市的一部分，从城市的角度切入建筑场地来分析研究。我会从人们的行为、城市的日常需求以及建设场地和周围环境的关系中去寻找问题，发现潜在的可能性。

Wutopia 是我命名自己建筑认识和实践的一种基于复杂科学的理论范式。Wu 即吴，Wutopia 是运用复杂科学对中国传统和当下的观察后建立的一种可以用来看待世界或者未来的反乌托邦思考。

我们从自然、社会和身心的需求出发，用建构和时空去营造新的本体秩序，在三者之间建立平衡而又充满生机的关联。

我把建筑理解为场所。场所是建筑带给人的一种体验，它不是我们传统所谓功能的概念。我相信每一块场地都有它的场所精神。

“弥漫空间”Suffused Space，以意境为主导，以情感为依托。超越形式、模糊边界。它是一种状态，一种说不清却一定会被感知的状态。它给人提供一个可以承载经历、引发顿悟的场景。

我坚持以农民为主体性的低成本建造，通过合理的建造创造出乡村人与人的新型社会关系。从农民的实际情况出发，挖掘传统民间的建造技术并结合当代的新技术，在乡村建筑上做更多的技术突破。

意匠创作

当代中国建筑师访谈录

顾勇新　周小捷　编著

中国建筑工业出版社

作者介绍

顾勇新

现任中国建筑学会监事，原中国建筑学会副秘书长；
教授级高级工程师，西南交通大学兼职教授，毕业于西南交通大学；
主要学术专著有《建筑业可持续发展思考》《清水混凝土工程施工技术与工艺》《住宅精品工程实施指南》《建筑精品工程策划与实施》《建筑设备安装工程创优策划与实施》《思变轨迹——当代中国建筑师访谈录》

周小捷

时尚媒体人
《瑞丽家居设计》杂志主编
曾任 a+a《建筑知识》杂志编辑部主任
毕业于中央美术学院设计系
曾任教于浙江工业大学建筑系
从事媒体工作十余年，专注设计与艺术领域

张　颀
Zhang Qi

韩冬青
Han DongQing

李振宇
Li ZhenYu

王幼芬
Wang YouFen

周　恺
Zhou Kai

俞　挺
Yu Ting

祝晓峰
Zhu XiaoFeng

华　黎
Hua Li

魏　娜
Wei Na

王　磊
Wang Lei

序

口述历史
一个时代的记述

中国当代建筑近三十年来的快速发展可以视作当代中国政治、社会和文化急速变迁的一种表征，而建筑师更像是在社会的河流中奋力挥臂向前的泳者，试图把握住河水急速翻滚涌动的脉络，并将其固化为可知可感的建筑和城市实体。这些错综复杂的事件和作品的现场、人物、思想及其传播如何可以通过某种形式保存下来？而怎样的历史记述才能更符合当代中国建筑的真实样貌呢？

顾勇新先生的中国当代建筑访谈录系列，这已经是第二辑了。也许顾先生并没有将这项工作视作历史的写作，但对于从事建筑历史和评论的我来说，这或许可以被视作一种中国当代建筑的口述史形式。相对于传统的史学论著，口述史料更加鲜活，也是不可复制的。它作为一种史学方法被普遍地运用于各个学科，如政治、历史、军事、艺术、社会史等。它更少掺入作者本人的观点，而相对中立、客观地记述讲述者的记忆、感受乃至主观情绪。被访谈者或许谈论的是个体的、带有某种私人性的话题，即自己个人的学习背景、建筑生涯和从各自的角度对当代中国建筑的记述与评论。但难能可贵的是，当一位又一位当代建筑师和建筑学者们的话语被累积起来并集体呈现之时，文字就会自然而然地成为一代建筑学人的集体记忆，或者说成为了我们时代的一个切片。

十位被访谈者的身份，既多样又有着一些共性。我在 2013 年为西岸双年展所做的一项研究表明，通过分析 2000 年以来中国主要的建筑专业媒体所报道最多的前 40 位建筑师中，个体实践的独立建筑师事务所最多，其次是在国有大中型设计院体制中有相对独立的工作室身份或作为建筑院校的教师在高校设计院兼职的建筑师。巧的是本书选择的十位被访者大部分正是来自这样的背景，比如华黎、祝晓峰、周恺、俞挺、王磊和魏娜是独立开业的建筑师；张颀、韩冬青和李振宇分别担任天津大学、东南大学和同济大学三所中国著名建筑院校的院长，而王幼芬现在也在东南大学任教。

在他们的访谈中，有三个关键词，或者可以说是三大主题，似乎是大家不约而同地谈到的：

首先是师承。这既包括本硕博学习的经历和教育背景，也包括对自己影响最深的人，可以是导师，也可以是在学术思想上给予了养分的前辈乃至同辈学人。这几位建筑师年纪大约在四十至六十岁之间，他们所经历的建筑教育，或许折射出一个中国逐渐走向改革开放并与世界同步的进程。我们既可以聆听他们对中国的建筑院校学习受教的经历，也可以了解到更年轻的学人从哈佛、耶鲁这些国际名校获得的养分。同样对他们影响至深的先辈，有周恺的导师彭一刚、李振宇的导师陈从周这样的中国前辈学者，也有通过直接师承或通过媒体和出版物等咨讯渠道影响了祝晓峰、魏娜这样的年轻建筑师的库哈斯、扎哈、卒姆托等国际建筑大师。这里当然有教育思想和价值观的差异乃至碰撞，但一个国际的、多元的建筑教育和思想交流的平台正在成为当代中国建筑不断孕育滋养的土壤。

其次是城市，一个建筑师的创作风格和个人价值取向的形成离不开他出生、少年成长、求学和工作的城市。北京、南京、上海、天津、深圳，一座座城市塑造着中国的建成环境，更塑造了携带着不同地方记忆和水土性格的建筑师。同样波士顿、纽黑文这些美国城市也通过它们的建筑名校将自己独特的血脉气质融入了中国建筑师的思维，也影响了他们对于本土和世界的取向认同。

第三是变化。大多数被采访者都叙述了建筑教育环境的变化、工作岗位的变化以及建筑专业思维的变化。比如魏娜从纽约回到国内面临的变化、王磊从北京院到中国乡建院的变化以及工作重心向乡村的转变、张颀在建筑教育中鼎力致新主动求变、韩冬青从传统建筑设计向城市设计的转变等。无论是建筑生产方式、设计价值观的转变，还是在国际/本土、传统/当代等多重要素之间游移之变，归根到底都是在应对时代之变。在此基础上，这个访谈录的系列，不仅仅是几个人建筑生涯的纪录，而是这个时代、这代人最鲜活的历史记述。

很荣幸为顾勇新先生的新书作序，更祝愿访谈录系列能延续下去，更多地呈现当代中国建筑——一个黄金时代的素描。

2018年8月26日

序

目录

张　颀　/ 012

李振宇　/ 032

韩冬青　/ 046

周　恺　/ 060

王幼芬　/ 080

俞　挺　/ 092

祝晓峰　/ 108

华　黎　/ 130

魏　娜　/ 150

王　磊　/ 164

张宝贵　/ 178

天津大学建筑学院院长，教授，博士，博士生导师，天津大学建筑学院 AA 创研工作室主持建筑师。中国建筑学会常务理事。2012 年获中国建筑学会“中国建筑教育奖”，入选中国建筑学会“当代中国百名建筑师”。

个人设计理念：
前辈建筑师已经开启了探索之路，我们今天的所作所为将决定着我们的明天会是怎样。建筑本体被踏实而恰当地建造出来，既不故弄玄虚，也不装腔作势，而是与人的实际生活密切联系，不仅为人们创造一个优质的物质环境，更通过对空间、材料、光线等的营造，以建筑的方式去关怀人的情感，同时还能显现出人的创造力和革新精神。建筑创作的目的是为人民服务——建筑不能承载太多的东西，但至少可以让我们的生活更美好。

Q 从您的背景资料了解到，您从小在天津长大，天津这个城市以及您曾经留学过的城市对您的创作有什么影响？求学过程当中哪些事情印象比较深刻？

A 从在天津上学开始说起吧。现在想起来，过程还是挺曲折的。我和大部分学校建筑系的教师比较起来，求学和工作经历可能比他们复杂一些。总觉得我从事这一行当，可以说成是意外收获，可能是误打误撞地进了这一行。当然了，也是有一些渊源在其中的。

我从上小学到上大学期间，差不多就是“文革”那十年。上小学一年级还是二年级，从小学二年级期末开始，又经历了转学等一系列过程，整个小学阶段基本就没上什么学，整天打打闹闹的。我相对比较老实，因为家庭有问题嘛，有几个不错的小伙伴也都是知识分子家庭的，大家有时候凑在一起也没什么正经事，聊聊天串串门而已。小学毕业以后上了中学，中学阶段也经历了转学过程。那个时候我父母都是中学教员，他们不愿看到孩子在学校因家庭问题受排挤受欺负，就通过以前的同事转到另一个学校，就这样混到了初中毕业。初中毕业那年正赶上“老大留城”，要不然就上山下乡了。那两年技工学校开始招生，父母就说先上技校吧。当时热门的是化工局、冶金局、纺织局等技校，我报化工局技校没被选上，后来就上了大家都不愿意报的规划局技校。实际上纯属误打误撞，当时根本就不知道这学校是怎么回事，后来一上课才慢慢了解了这一行当，每天都是规划局的工程师给我们上课，主要是总体规划和详细规划等相关课程。当时才初中毕业的孩子哪学得来啊，实际上就是每天糊里糊涂听听课，混了这么两年。

技校毕业后被分配到天津市规划局详细规划室，学习才正式开始。跟几个老工程师学着画图，学着摆房子，学着算间距，挺感兴趣。但是好景不长，从我工作的第三年，规划局开始精简机构，先把一批从工厂选调的员工精减走了，据说接着就要精减我们这些技校毕业生。好在那年恢复高考，我们技校毕业的几个同学开始自学高中课程，我在 1979 年考上了天津大学。因为兴趣，我开始报的志愿是天大的自动化专业。但报自动化专业局里不同意，局领导说你就得报规划相关的专业。要说那时候局领导的意识还挺超前的，他希望你大学毕业后可能还会回来。但当时天大没有规划专业，我便报了建筑学。就这样 1979 年上了天大建筑学，进了这个行当，而且从那时起就没有离开过。

上大学进了建筑系以后，才慢慢培养起来对这个专业的认识和热爱，本科四年后又考了研究生。因为我是从规划局出来的，既然到了学校，就没有想着本科一毕业就马上又出去工作。硕士毕业那年又赶上学校师资短缺、青黄不接，急需从恢复高考后的 77、78、79 几届硕士生里选留教师，我们那届研究生就有至少七八个人留校。也就是那几年，天津和神户结成友好城市，天津大学和神户大学缔结姊妹学校，举办过至少两次两校学生作业展，当时影响是很大的，还出版了两校学生作品集。然后再进一步就是往神户大学选派进修教师，我去了六年，先进修两年后再读的博士学位，神户大学还为我们争取到了日本文部省的奖学金，就这样拿到博士学位又回到天津大学建筑系。所以说走上这条路是巧合也是运气。回到天大后正赶上建筑系用人之际，当时一位副主任在国外，系领导就让我做代理，印象中就是做一些教学管理工作。到了 1997 年，学校推行学院制改革，在原建筑系基础上成立建筑学院，当时我们也都是中年人了，老一代领导便把我们推上了历史舞台。

Q　您觉得中外教学的差别大不大？

A　在神户大学留学那几年主要是做研究，有一段时间，神大的老师让我去辅导二三年级的设计课，我教他们画草图、画墨线图、画水彩渲染画等。他们四年级的学生做的毕业设计水平一点也不比我们差，而且考虑的面更广，思路更开阔。我发现关键在于他们的设计命题方法和设计过程，与我们有很大的不同。比如他们的医院设计题目，就是学校旁边的六甲山医院，这个题目的各项指标都要求让学生自己去细化，从二三年级开始，学生们就要做这种研究报告。一个怎样的场地条件，周围社区对医院功能和规模的需求是怎样的，都要经过社会调查和对其他医院的实地考察得出。而我们是把任务书给学生，让学生照着教师规定好的指标去做，是要带着学生去医院参观，而不是让学生主动去动脑子，去思考这个医院需要怎样设计才能解决这些问题。所以他们到四年级拿出来的设计，就产生了一个飞跃，考虑问题比较周全，设计也很有逻辑。从当年举办的两校设计作业展中就能很明显地发现这个问题，他们低年级的作业都很一般，但毕业设计拿出来的东西却都很像样儿。当然，那时候他们的设计条件相对较好，都是计算机绘图和模型制作。当时的中外教学是存在着一些差距的，所以学院成立后，我们就倾力推进教学改革。学院成立后的前些年推行的是教育部 21 世纪初世行贷款教改项目——建筑教育全方位教育教学改革的研究与实践，简称“纵向班”改革。后来，又推行“实验班”改革，改革成效也是很大的。

Q　您觉得天大建筑学的教学特色主要体现在哪里?

A　一是前面说到的扎实的基本功训练。二是建筑历史教学和古建筑测绘实习，这是学院教师无论在多么困难的条件下都在坚持的。我在一篇文章中写过，天大在建筑教学中，为引导正确对待传统文化，1954 年夏，徐中、卢绳、冯建逵等率领 55 届全体学生和部分教师赴承德避暑山庄和外八庙进行测绘实习，古建筑测绘与研究的优良传统自此之后除“文革”数年从未间断，不但积累下庞博珍贵的文物图档资料，也在每一个天大建筑学人身上打下“修学好古，实事求是”的烙印。第三就是通过测绘对比例尺度的那种真实的认知。即使现在有激光扫描，但我们仍然坚持要学生去现场测绘，尺度之外还有对各种传统材料的认知。再就是这些年对外交流多了，通过各种联合设计，国内外院校之间交流打开了学生们的视野和思路。过去说天大的开拓性差一些，但是从这几年的发展来看其实一点不差，不光优秀的传统继承下来了，而且一批优秀的青年教师成为教学的主力军，目前的教学发展走势我很欣慰。

Q　根据您多年的教学经验，您觉得教学中哪些方面需要做一些改进，才能使学生以后能适应社会发展的需要？

A　目前在我们的改革计划中，就包括要让教师和学生们走出去。我们一直以来的测绘也算走出去，但它毕竟是自己教学体系中的一部分。对外是接触了文物保护部门，接触了我们传统的文化遗产，但是眼光并没有放开。现在几乎每个学生在学习的几年当中，通过各种实践环节走进社会、了解社会，甚至可以到国外去参加国内外院校组织的联合设计工作坊，放眼世界、了解世界的发展变化。对于这种机会学生们都非常踊跃。 中外学生在教师的指导下一起做设计，同时还有一个相互交流、相互比较的过程。尤其得益于网络的强大，平时的设计也不是学生自己在那儿做，他们的圈子大着呢，可以随时随地去搜集他想要的资料，可以得到各种参考资料和交流指导。以前我们一年能有一次学生之间的交流就很不错了，现在可以说都是联合教学，连

教师都国际化了。

Q　**您怎么看待建筑学学科包括建筑教育未来的发展?**

A　近些年的建筑学科的发展非常快，我现在已经感觉跟不上形势了。一则我们受的是传统建筑教育，二则可能是因为自己本身的惰性。现在的青年教师，他们接轨是非常快的，接受能力也非常强。在我们学院里，包括 BIM、数字建造、装配式建筑等都有中青年教师小团队去关注、去研究。当然，我也不能落后，在学院里组织了一个由“绿建专家”组成的绿建团队，并联合了若干家高校的科研骨干，承担了一项国家十三五“绿色建筑及建筑工业化”的重点专项——目标和效果导向的绿色建筑设计新方法及工具，研究的总体目标是变革传统建筑设计的思维方式，创新空间构思逻辑，将绿色性能作为建筑空间设计的核心内容，建立目标和效果导向的绿色建筑设计新理论和新方法。我想，这

些都是建筑学科未来发展的重要内容。同时，我们的科研主力也是教学主力，在教学中他们必然会把研究的过程和研究成果传递给学生，包括设计题目的更新和教学方式的改革，有时候学生也能够参与到科研之中，这样培养出来的学生，在考虑问题时的宽度和深度，都会比我们做学生的时候要强得多。

Q　天津的地域文化对您的创作产生的影响大吗？主要是体现在哪些方面？能否结合您的设计理念和设计创作介绍一下？

A　天津被誉为万国建筑博览会，文化底蕴深厚。生活和学习在天津，耳濡目染、潜移默化而深受影响。前些年学校建设新校区，要求大部分学院都要搬到新校区。我从一开始就跟学校领导讲建筑学院不能走，不管那边条件多好，建筑学院也得留在市区里。这是因为世界建筑文化遗产荟萃的解放路、马场道、五大道、意风区等都在市区，学生一出门就能学习，转一圈就是一堂建筑历史课。当然，新校区的建筑也都是优秀建筑师的作品，去那里也是学习，但毕竟城市的悠久历史和深厚底蕴会使我们建筑、规划、艺术设计的学生受益更多，同时也能给学院的教学和科学研究创造更多更好的机会。对我个人来讲也是一样，比如天津利顺德大饭店的保护性修缮设计及改造是我带学生做的，当时面对各种挑战下了很大的功夫。包括如何严格考证历史信息以恢复旧址建筑最具价值的历史面貌，如何延续历史文脉提升区域文化品位，如何实现以原尺度、原材料、原工艺对旧址建筑进行最大限度的还原，以及怎样运用性能化防火技术解决旧址建筑保护与现行防火规范的矛盾等。这个项目的设计历时两年，通过实践使我更深地了解到了天津的历史和地域文化，对参加这一项目的学生后来选择职业道路也产生了影响。更进一步说，地处天津这一历史文化名城，对建筑历史学科的发展和特色的形成都起到了特别重要的作用。当然如果学校坐落在一个新兴的城市，可能它的设计任务会很多，但不会像天津这样，有特别适合于建筑学专业发展的土壤。

Q　您的设计作品当中比较满意的都有哪些？

A　满意的其实不多，比如刚说的利顺德大饭店是很满意的，这个项目曾获全国优秀工程勘察设计行业奖一等奖。然后是天津美术学院美术馆，曾获国家优秀工程设计银质奖。还有意大利风貌保护区的一小片办公楼，那也是一个挑战，主要是在历史建筑群里做新建筑，怎样把新的环境、新的建筑形式用一个新的方法跟历史结合起来。以及在天津老城厢做的一片改造，那时我并不是很满意，因为他们经营得不好，但现在看来，当时的施工和完成的效果还是不错的。另外，石家庄的河北省图书馆改扩建，虽然也获得全国优秀工程勘察设计一等奖，但施工有些地方没有按原设计要求去做，留下些遗憾。再就是这四、五年做的两个乡建项目。华润集团慈善基金会这些年在革命老区资助建设了若干个希望小镇。乡建项目花的时间相对较长，我带着工作室青年教师和研究生十几个人的团队，深入到这些相对贫困的山村。一个是安徽金寨吴家店镇，就是革命历史上“刘邓大军千里跃进大别山”的大别山深处的一个贫困村庄。另外一个是在“中国革命摇篮”井冈山的罗浮小镇。华润慈善基金会捐款建设希望小镇的总体目标是环境整治、产业帮扶和组织重塑。我们承担“环境整治”之中的民宅修缮设计、希望小学和幼儿园及养老院等配套设施的设计，以及梳理村落格局、保护田园风光、重塑美好乡村风貌等设计任务。希望小镇的建设不仅是以设计的结果来呈现的，而是建成后要看到的焕然一新的村民精神面貌、和谐的自然生态环境和不同以往的现代农业景观的雏形。通过希望小镇的设计实践，认识到乡建不应是建筑师去追求建筑的效果，关键是要看设计使乡村生活发生了多大的变化。我特别佩服华润的一批年轻人，他们在小镇建设完成以后，还要留在那里几年，协助小镇的生产运营。建筑师的乡建也不只是去做一个个漂亮的房子，还有解决农村社会问题的责任。

Q　**您在教学岗位上大半辈子，未来 5 到 10 年，作为一名教授，您还有一些什么梦想？**

A　以前梦想很多（笑），现在看来，随着年龄的增长，精力也不够用了，我现在最大的“梦想”就是希望尽快从院长这个位置上退下来。退下来后还有不到五年的工作时间，五年时间里首先要把现在承担的科研课题组织好，然后尽可能地再静下心来做几个设计。现在觉得退下来后我的体力和精力都应该还行，能舒心地去做点愿意做而前些年没时间做的事。仅此而已，足矣。

天津美术学院美术馆

设计时间：2002 ~ 2004 年

建成时间：2006 年

建筑面积：28915 平方米

地　　点：天津市河北区天纬路 4 号，天津美术学院

美术馆

天津美术学院美术馆是一座复合功能的美术馆，包括展览馆、报告厅、文化超市、创作工作室、图书馆及教学用房等主要功能区及一座地下停车库。建筑主体由四幢多层裙房和一幢高层塔楼组成，主入口台阶、两道斜墙、玻璃天棚、空中步廊以及一座通透挺拔的玻璃光庭将不同功能体块联系在一起。

美术馆建筑的整体形象稳重而不失飘逸，细部处理简约而不乏精致。迎向城市干道的大台阶成为面向公众的都市舞台，体现出美术馆作为公共建筑的开放性，隐喻其所承担的社会责任；延续、上升的灰空间序列贯穿整个基地，在联系各功能入口的同时，以美术学院主楼穹顶作为底景，完善了公众的视觉感受；空中步廊丰富了主入口的空间层次，提供了人在建筑中游走的可能。

主体建筑以质朴纯净的雕塑感及体量感表达出美术馆高雅的艺术品质和丰富的文化内涵，高层塔楼采用玻璃幕墙作为外围护结构，晶莹通透的质感与裙房部分厚实的体量相互衬托，成为天津海河东岸城市景观的新视点。

利顺德大饭店保护性修缮与改造

设计时间：2008 年 10 月
竣工时间：2010 年 10 月
建筑面积：23087 平方米
地　　点：天津市和平区台儿庄路 33 号

利顺德大饭店始建于 1863 年，是天津仅存的几座早期殖民建筑之一，中国近代历史上众多重要历史事件均发生于此。其原址建筑是我国最早被确立为国家重点文物保护单位的旅馆类建筑，其建筑形态、建筑材料和施工技术均为天津早期租界建筑的典型代表，具有极高的历史文化价值、建筑价值和技术价值。在利顺德大饭店建成至今的一百多年时间里，原址建筑几经战争和自然灾害的损毁以及岁月侵蚀，及至此次

修缮之前，1886 年原址建筑所包含的历史信息几乎丧失殆尽，艺术价值大打折扣，空间环境破败不堪，甚至建筑结构亦岌岌可危。

保护性修缮与改造工程的目标是将原址建筑外观复原至最具历史价值时期（1886 ~ 1924 年）的状态。依据原址建筑最具历史价值和艺术价值的原貌，在保持原形制、原结构、原材料、原工艺的基础上，对建筑历史信息严重缺失的部分进行修复，对保存较好的部分予以保留。结合酒店品质升级，改造 1984 年扩建建筑，借鉴原址建筑立面元素进行扩建建筑的立面重构，在延续区域历史文脉的同时，使新老建筑的风格相互呼应。同时对新老建筑之间的中庭进行改造，打造融合历史气息和时尚元素的休闲空间。

项目依据原真性原则对原址建筑进行最大限度的修复还原和恰当合理的修缮。在防火安全设计上，运用性能化防火技术解决原址建筑保护与现行防火规范的矛盾。

JIEFANG BEILU

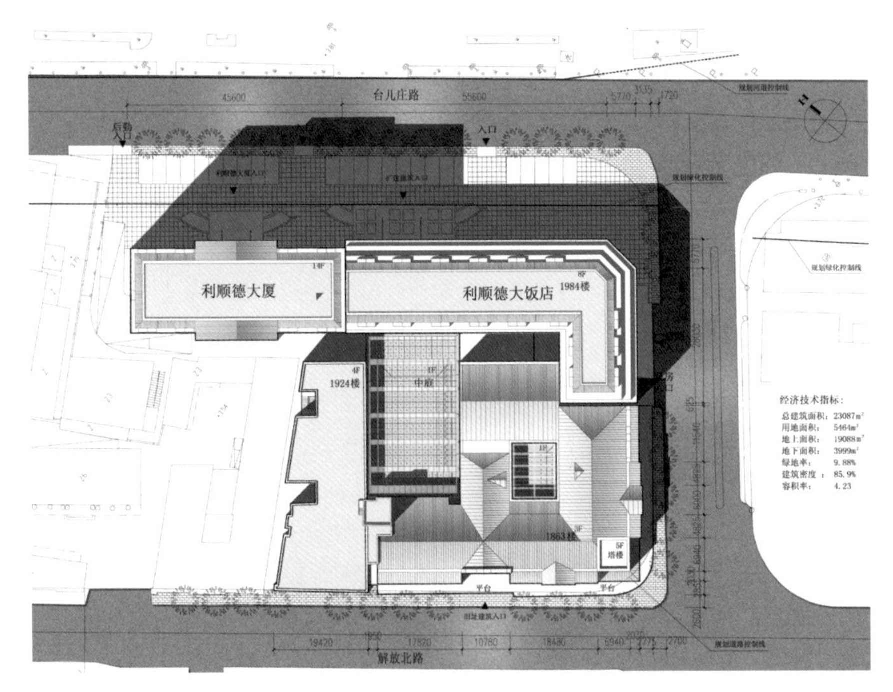
台儿庄路
后勤入口
入口
利顺德大厦
14F
利顺德大饭店
8F
1984楼
4F
1924楼
1F
中庭
1863楼
5F
塔楼
平台
平台
解放北路
经济技术指标：
总建筑面积：23087m²
用地面积：5464m²
地上面积：19088m²
地下面积：3999m²
绿地率：9.88%
建筑密度：85.9%
容积率：4.23

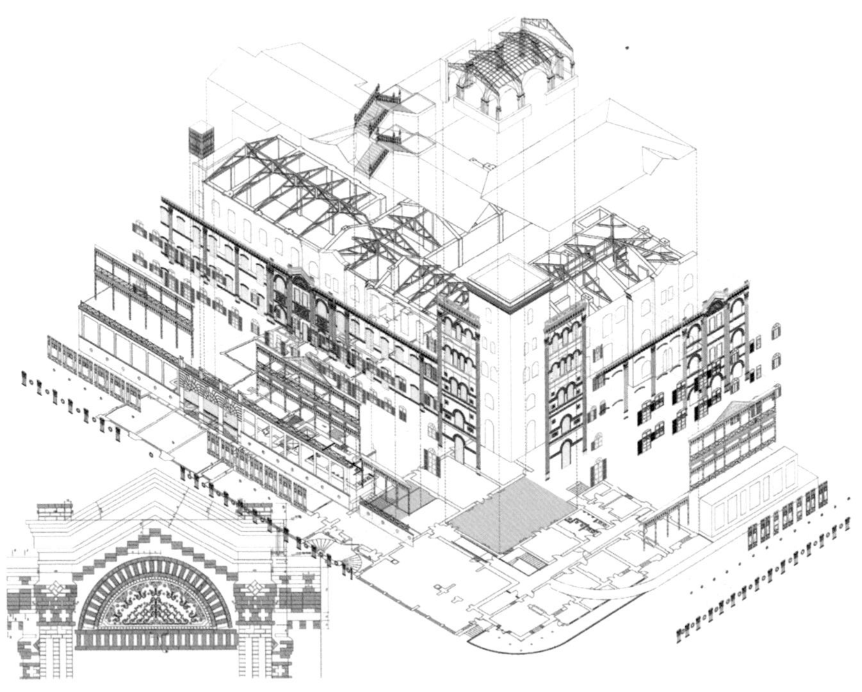

工作室简介

天津大学建筑学院 AA 创研工作室成立于 2007 年 2 月。工作室成员 20 余人，由张颀教授指导的硕士、博士研究生和几名中青年教师组成。“创作”和“研究”是 AA 工作室的主题。工作室成立以来，致力于建筑更新、建筑遗产保护、公共建筑设计、乡村聚落更新与传统民居保护等理论研究和设计实践，主持国家自然科学基金重点项目和“十三五”国家重点研发计划课题，并先后完成多项建筑方案创作。建筑设计作品获国家优秀工程设计银质奖、中国建筑学会建国 60 年建筑创作大奖、中国建筑学会设计金奖和银奖各 1 项；全国优秀工程勘察设计行业奖一、二、三等奖各 2 项；教育部全国优秀工程勘察设计一等奖 1 项；其他省部级一等奖 6 项。

同济大学建筑与城市规划学院院长，教授，博士，国家一级注册建筑师，兼任国务院学位委员会建筑学学科评议组成员，上海市建筑学会副理事长，德国包豪斯基金会学术咨询委员，《建筑学报》《时代建筑》等期刊编委。

个人设计理念：
白话建筑 —— 在情理之中寻找情理之外
用常规的建筑材料、普通的建筑元素，通过特定的方法，形成有趣的变化和搭配。追求平凡生活中的变化趣味。

类型与转型
狭义来说，相对于“建构”的微观、“城市设计”的宏观，“类型学贡献”是在中观层面上探讨空间形式变化的可能性。广义来说，类型学贡献是一种思想和工作方法，在不能过多改变基本元素的情况下，寻求系统变化的可能性，寻求组合方式的特色。更加主动地寻找“意料之外”。在信息化、全球化、常态化的背景下，设计理念的转型就在眼前，既有建筑的改造会成为主角。

Q 《空中读城》这本书的社会影响很大，我也仔细看过，我觉得您的观点挺好。您从小城市到大城市来上学，坐火车时看到房子越来越密就知道快到城市了，反之，农村田野多了就意味着离开了城市，您把城市的边界以密度大小来划分挺有意思的。

A 我四岁的时候，到北京在父亲身边生活了一年。长安街、北海、颐和园、紫竹院虽然只是模糊的记忆，但给了我最初的大城市的美好印象。“文革”后期父母调动到苏北的一个小镇上教书，不是农村，是一个乡镇，而我主要在江苏常州生活。当时看城市和乡镇的区别非常大，尤其是大城市、中心城市、中小城市和乡镇。乡镇是最末端的，不通汽车，我那时就发自内心地喜欢大城市。我曾祖母在上海，因为我是长重孙，每年暑假都会到上海待一段时间，住在一个没有卫生间的老式里弄里。大家晚上都要搭铺板睡觉，很挤。但是上海的情调特别好，比如陕西路、延安路上的梧桐树和江苏路、愚园路上的围墙，这种感觉和氛围真是非常难得，所以我对城市有一种特殊的感受。

Q 同济大学的经历对您后期的创作教学想必带来很大的影响，能简单介绍一下您的成长经历吗？

A 我是同济大学建筑系第一届五年制德语班的学生，也是班里年龄最小的。同济的对外交流一直比较开放，那个时候德国总统卡斯滕斯等政要来的特别多，国际化的程度很高。同时，同济这个平台比较大，人也比较多，真的是百花齐放，非常适合我的性格。

我在本科有三件事情意义比较大：一是成立了青年建筑学会，而第一个主题就是讨论贝聿铭先生的香山饭店。当时有骂的、有捧的，两个意见相持不下，挺有意思的。第二件事情也和青年建筑学会有关，我们在一些老师的鼓励下，开始介入该不该修复圆明园的讨论。到北京做了实地调研后回来写了一个报告，提出既无必要也无可能的结论。遗址就是遗址，废墟就是废墟，应该是在我们心里面，真实的历史就是屈辱，是能够化成动力的。《圆明园七问》后来传播开了，这件事情对我的影响很大，觉得原来你是可以有主张的，你的主张是会对他人产生影响的。第三件事情很平淡，但对我个人很重要，就是毕业设计。我的毕业设计是跟着上海民用建筑设计院四所的戴正雄建筑师做上海交大的闵行二部校园建筑，虽然当时得分不是最高的，但全年级的同学只有我一个人的方案设计最终建成了，这说明，原来真的评价标准应该是多元的。

硕士我是跟着陈从周教授学习，那两年半收获挺大的，因为陈先生教我们的实际上并不是一刀一枪，他教的是一种思想方法。陈先生的书房是一个雅集，而且是接地气的雅集，不是只有名流才能进，不认识他的人也能进去请教畅谈，在研究生阶段也有三件事对我影响挺大，第一件事情是跟着路秉杰老师带了 108 个学生去福建南靖测绘，我是总指挥，那两个月锻炼了自己的组织协调能力；第二件事情是 1988 年在南京工学院开了一次“中青年学者中国建筑史研讨会”，我去参加后还投了稿，没想到文章受到了重视，自己还被新华日报头版头条提到了，心里挺高兴的。第三件事情，那次跟着喻维国老师去九华山踏勘调研时，自己对四大佛教圣地的想法和分析给老师提供了写书的部分观点。

我不是同济培养的典型的“好学生”。陈先生说过，李振宇，你是个聪明人，聪明人要做笨事情，你要做了笨事情才会有长进，要老是做聪明事情就没长进。

这句话打动我了，从那时候起我就开始做，甚至是无用的笨事情。在读研阶段，我花了两年多时间编了中国园林年表，只为磨炼意志；工作后把当时能够有的规范都背熟了，还和同事一起手描了一本中国建筑装饰图案，以及研习了《80年代上海高层建筑》一书。在做青年教师阶段，由于没有师傅带，却得到了一种别人没有的机会。我和郑士寿做了一个小工作室，没地方去就在宿舍里，开始做设计，然后摸爬滚打，所以好多东西都是我们从一线得来的经验。从1992年到1999年这7年中，有了不少经验积累，福建的天元花园和上海的莲浦花苑这两个住宅区是建筑设计真正的起步，也是我从头摸到底的。1997年，国家留学基金委和德国DAAD各国合作的项目恢复了奖学金，我得到了这个去柏林的机会。当时郑时龄副校长说，这个名额我觉得首先应该给李振宇，他教了七年的专业德语，认真地在教，不给他给谁呢？一共两个名额，一个名额就给了我，剩下一个名额，别人去竞争。我也觉得皇天不负苦心人。

有的人认为当时的住宅建筑是挺无趣的一个事，但是我们就想在无趣当中做出有趣来，用陈先生那句话，叫情理之中、意料之外。一定要找到一个给生活带来趣味的、带来增量的东西，所以我们做的这些住宅区里都体现了陈先生的那句“不著一字，尽得风流”。不是用中国园林的形，而是用中国园林的神，它的整体是要有趣的，它的单体要给你惊喜的。

我的工作发展主要分为三个阶段：1989年到1999年，这个阶段我在学院里是属于一个外围人，就有一个特点，上课从来不迟到。这对我来说绝不是吃亏，而是占了大便宜。由于不迟到给大家留下靠谱的印象，所以这么多年别人都放心把事情教给我办。1999年到2001年在德国，这两年对我来说是一个重大的转折，因为我碰到了一个好教授Peter Herrle，去了一个好城市，自己也找到一个好方法。德国的教授是非常独立的，有财权、有用人权、有空间，教多少课完全根据自己的意愿，只要能说服他，那他的支持可以是不遗余力的。因此我到德国走的第一步就是主动与Peter Herrle教授预约时间去谈，从此以后我在那就很活跃。我的论文也是在那个时候形成了主题，回来以后又花了一年多时间完成博士论文，最后出版《城市住宅城市：柏林与上海住宅建筑发展比较》这本书。之后我和蔡永洁、王志军三个人做了一个工作室，名字叫天方极限。当时为什么叫这样一个特别有进取心的名字，现在也不记得，但我们三个人，那时候是互补。从 2001 年大概到 2009 年，我们合作了 8 年。

Q　前面几个经历讲得非常完整，2014 年您当了院长以后，做了哪些教学上的改革创新？

A　其实我最主要的抓的就是几个事情。从教学上来说，我鼓励多元和开放，强调教学上要从现代性向当代性转型。在基础教学，从方法式向体验式过渡；体现当代性的还有实验班；另外更加强调国际化，比如硕士双学位联培；再就是强调批判性。教学和研究是相一致的，同时继承和发展十几年前学院提出来的“生态城市、绿色建筑、数字设计、遗产保护与更新”，这四个是新的项目。我在《时代建筑》上写了篇文章，叫《从现代性到当代性的转型——同济建筑教育的四条线索》。在同济大学 25 个常规学院的院长中，提倡竞争我是做得最彻底的。就是强调学术研究，虽然很多是自由研究，但是学术机构是有竞争的，必须直面这个竞争，竞争的目的是为了合作，但合作的基础是竞争。

Q　您觉得现在的学生跟 20 多年前您当学生的时候差别大吗？

A　我觉得现在学生非常好。有修养，有情怀，有家教，真的很好，只不过缺了一点拼搏精神。我们那个时候资源少，为了竞争资源而拼命，现在很多人是为了爱好和理想，我觉得完全是另外一代人了。现在的孩子就像我们读书时候碰到的德国、日本学生的风格，而且条件更好，有眼界。你对他们说帮我画一个什么东西，他下载软件一会就弄好了，我们的学生能教我们。我们今天特别有面子，在国际教育界中现在也很有底气，不像 15 年前我们在国际的交流圈子中，人家说我们听；而现在我们有发言权了，不能无视这个进步。

Q　建筑是一个实践性很强的学科，在它的理论教学中，创作实践是非常重要的，请问同济大学培养人才的观点是怎样的？

A　实践非常重要，但实践多了容易太现实。我们现在有三种观点，一种叫英才式，一种叫通才式，一种叫专才式。在同济大学建筑城规学院里，我们不要过早地去干涉，应该让学生自由成长，由学生自己来选择成为哪一种人才。好的大学应该是从自助式到定制式，比如美国的学校是选课制的，有的人多学一点经济，有的人多学一点文艺，有的人多选一点技术，最后会产生分流，不能把所有的人都培养成一样的。大学就是大家能在一起交流分享的地方，如果没有面对面的交流，靠网上是教不会的。

Q　您觉得中国建筑师在未来 10 到 20 年当中能起到对世界产生影响吗?

A　中国建筑师现在从总体水平来说比德国可能还差一点，但是我们的代表人物已经超过了德国，我们也比日本差一点，我个人认为最好的还是美国，第二是荷兰，第三是瑞士，瑞士下面是日本，然后英国、法国。德国是中坚力量，就是说它整体水平比较强，但代表人物不足，但现在中国已经跑到德国前面了，中国优秀建筑师的影响，我个人觉得已经能进入世界前十名到前二十名了。我有一个整体判断，现在已经到了 40 ~ 50 岁这一批建筑师呼之欲出的时候了，假以时日，他们会像日本建筑师一样好，甚至很快就会超过日本。

都江堰市“壹街区”安居房灾后重建项目

2008 年，“5 · 12” 大地震之后，都江堰市受灾严重，众多楼房在地震中毁坏，无数居民失去家园。随后全国范围内掀起一股抗震救灾的热潮，本住宅项目正是在这样一个大背景下，由十位同济大学教师合作开展进行的。

由于都江堰市特殊的地理位置，允许部分东西朝向的建筑，本规划设计充分利用这一优势，形成鲜明独特的规划设计特色。采用周边式建筑布局，围合内庭院。将地块划分成尺度适宜的十个居住组团，同时形成十个院落空间。塑造城市街道、公共庭院和私人住宅三个空间层次。对传统院落式空间形式在现代规划设计语境下的应用进行了有益的类型学方面的探索。沿城市主要道路底层设置骑楼，设置商业和社区服务设施。

本组团的设计由李振宇、蔡永洁合作，建筑高度以 6 层为主、9 层和 11 层为辅。采用周边围合布局，形成十个居住组团和十个院落空间。注重街道转角形态的特殊处理，塑造整体而丰富的城市界面。

整体造型上综合运用了坡屋顶、退台等元素，以上海风情为基调，强调经典的比例及建筑的整体性，同时考虑转角建筑的处理，注重空间的转换关系。通过线角、栏杆和抽象化的老虎窗等细节元素突出上海传统生活环境的意境。

在材料的运用上抽取上海传统民居中的红砖作为突出元素，同时配合灰墙、玻璃等共同形成冷暖对比、富有节奏感的建筑立面。使建筑既能体现现代居住风格，又能体现传统的内涵。

暖色为基调的建筑立面，使宿舍建筑群具有温馨的建筑气息

同济大学嘉定校区留学生公寓

适宜尺度的下沉庭院，营造出归属感和领域感

嘉定校区是同济大学的新校区，历经十年建设，已形成规模。本设计项目位于新校区东部的景观大道与主车行路之间，在此地块上建设留学生宿舍及专家公寓，其中宿舍4栋，共1020套，双人间492套，单人间528套，5层总高约20米；公寓1栋，共50套，地上9层总高29.2米，地下1层。项目是在既有建筑环境中增加建筑内容，西侧与教学科研楼相邻，北面为原学生宿舍区，增进了集群的复杂性。因此与原有建筑、道路的关系处理颇有推敲，设计方案的几轮变化反映了由“显”到“隐”的过程。

本项目自2010年开展设计构思起，历经四年完成设计和建造，由同济大学李振宇总负责，刘红配合施工图，卢斌配合方案设计，李都奎、唐可清和王祥等参与部分方案设计工作。一般而言，学生宿舍具有单元大量重复，造价和面积标准限制严格，空间处理自由度小的特点。在本项目中，建筑师力求解决三大矛盾：统一与变化、效率与趣味、经济与新颖。经过多方案多轮次的汇报交流和比较遴选，最后基于节约造价、提高使用效率的原因，确定了实施方案。虽然经过反复不断的修改和完善，但“正中求变，融合多元”的初衷却始终贯彻在整个设计过程中，并最终得以实现。

天顶洒下的自然采光，营造出生动活泼和适宜停留交往的内部公共空间

专家公寓采用隔层对齐的方式，在保证完整立面构成序列的同时，实现韵律和节奏的变化

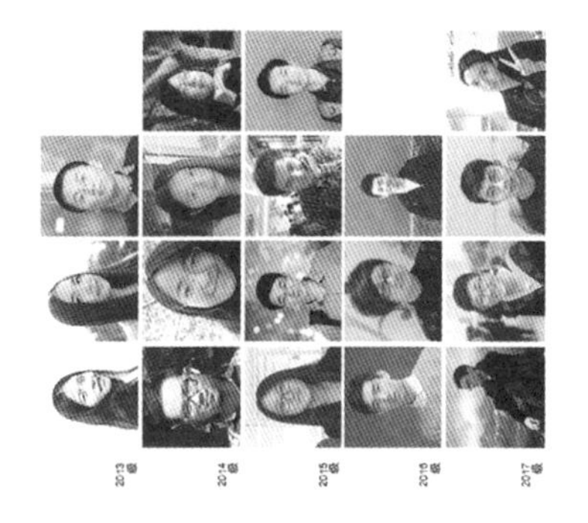

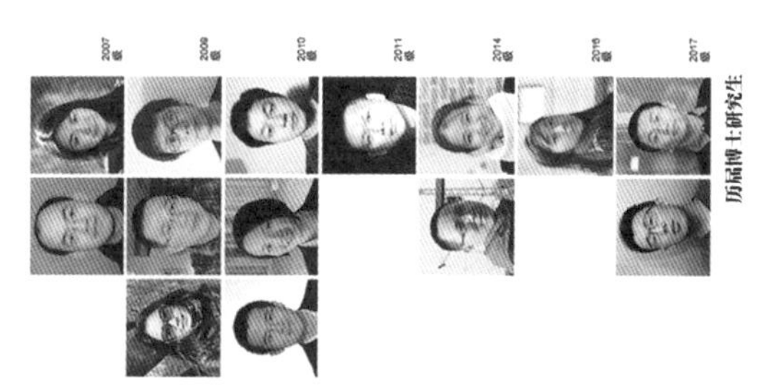

工作室以李振宇教授主持的建筑类型学研究作为建筑创作的出发点，设计实践主要集中于住区规划和城市设计、住宅建筑设计、城市更新设计和中外建筑比较等。工作室隶属同济大学建筑设计研究院（集团）有限公司都市建筑设计院，工作室成员有青年建筑师卢斌等，以及在读博士研究生、硕士研究生。2009 年以来，先后有 50 多位青年学子在此短期或长期进行设计研究工作。

工作室始终把建筑设计实践与教学、科研、国际合作相结合，采取紧凑而有趣的组织方式，保持开放合作的态度，追求与时代同步的发展。

主张“白话建筑、类型贡献”，获中国建筑学会、上海市建筑学会等多项相关建筑设计奖。工作室近期作品（含合作）包括：青岛湖光山色住宅区，青岛长春花园住宅区，都江堰“壹街区”1、2、4、7 街坊，都江堰钢幸福家园结构住宅，大连质检中心，同济大学嘉定校区留学生公寓，北京中直机关洋桥住宅区，嘉兴角里街民丰冶金厂更新城市设计，中华人民共和国驻慕尼黑总领事馆等。

韩冬青

东南大学建筑学院教授、院长，东南大学建筑设计研究院有限公司城市建筑工作室设计主持。主要研究领域为建筑设计和城市设计的理论与方法。2011年获江苏省设计大师称号，2012年获评当代中国百名建筑师称号。

个人设计理念：

设计肩负文化传承和创新的使命，是设计者素养、知识、技能在物质空间环境营造上的一种投射，同时又经由这种实践而获取思想、知识和技能的进步。设计必须基于对象所置身的环境，又是对环境的一种干预，其干预的方向和程度是否有利于环境整体品质的提升是设计判断的首要原则。设计基于现实项目的需求，又要超越这种有限的需求，从而进入到社会公共产品的层面。设计是对既有技术范式的一种运用，又是推动技术进步的有效介质。设计是对相关社会实践的一种有序驾驭。

Q 家乡对您的创作有没有产生过什么影响？

A 我的家乡靖江对我有着潜移默化的影响，在成长过程中可能是无意识的，但到了一定年龄，就慢慢体会到了它的影响。家乡虽小却是一个南北文化交织的地方，还融入了码头文化。历史上岳飞征战，把靖江作为牧马基地，许多北方人因此留了下来，我想这些都共同造就了靖江人的一些特点：思想包容开放、崇尚读书与自我奋斗。

Q 您怎么看待东南大学的求学经历？

A 有一些东南学派的思想会影响终生，而学到的知识和技能是其次的。大学就像一个染缸，个性鲜明的人进进出出，也形成了具有共性的色彩。第一，我的老师们都带有严谨、敬业与一门心思做学问的精神。20 世纪 80 年代的教育氛围就是为了国家、为了学生，根本谈不上个人得失与报酬，那时候评职称也很慢，退休时才评上副教授都是很常见的事情。第二，东南学派也在不断探索，老师们关于教学方法的争论可以说是一个常态。虽然当时我们作为学生，可能不理解老师们争论的内容，但至少留下了建筑学是“多元”的印象。第三，那时的老师与学生在课内外都有很多交流，老师都把学生们当成自己的孩子一样关心，学生在生活中不开心的地方也会去找老师诉说。来自于老师们的精神影响都是我的财富，逐渐在心里形成一种标准。

Q 能否谈谈您对设计的理解？

A 我在 2007 年成立了 Urban Architecture Lab，之所以取名为 Lab，是想强调两方面：独立思考和研究性。在高校做设计是要发掘出问题，提出可拓展的研究方向，通过知识和技术实现更多社会服务的方式，让设计在其中成为“桥梁”。当时中国的城市状态活力充沛但秩序不清晰，这与欧洲很不同，欧洲城市的城市化发展积淀很深厚，所以欧洲建筑师想的是要怎样冲出这种秩序的限制，而中国却亟待建立一种秩序。

我觉得建筑首先是寄生于自然系统，它的生命取决于环境，所以要关注的首要问题就是建筑应对环境的“姿态”，要分析环境与项目之间的关系。再次，设计是通过服务别人来展现自己，人的具体需求要通过物质空间反映出来。因此，通过与业主的交流来理解、发掘使用者的真切需求，假设出一种行为体系和心理状态。很多时候，业主的要求也会受限于他自身的见识，如果建筑师在其中被动地去适应要求，则会被局限住，所以与业主的交流甚至交锋对于推动项目的发展是很重要的。

同时，要处理好知识与设计的关系，尤其是技术知识和工程知识。熟练运用技术的同时，也不能为技术所束缚。设计院有一些设计师容易被束缚，而高校的一些老师就容易出现与技术知识脱节的情况。比如，好的建筑师要具备扎实的力学逻辑思维，进而能有结构创意的能力。在做大报恩寺这个项目时，由于复原的新塔结构不能落在老塔的原基址上，所以我们做设计的时候采用了新材料、新形式，实现了放大了一圈的古塔比例。在结构落地的时候，我想到原本的八边形可以通过延伸成为一个正方形，于是我们先制作杆件的结构模型来讨论这个构思，结构模型奠定了新塔的基本特征，然后与设计院的总工程师合作，最终实现了结构与空间、造型的高度融合，反响也还不错。所以我想强调的是，各工种是“协同创作”，而非“配合”。

Q　**您个人比较满意的设计作品是哪些?**

A　设计过程都是很艰难的，建筑师只有在其苦中作乐。其实每次项目的结果都是遗憾的。我们也会反思，这不全是业主、施工方的问题。中国目前的建造施工技术专业化程度不高，这符合时代的特点，所以也就要求中国的建筑师要充分具备容错能力，要有足够的预判能力，而不能一味指责施工问题。未来中国的人力成本一定会大大提高，所以工业化、产业化是必然的趋势。

我就谈谈作品中梳理出的一些心路历程吧，有些作品能对自己的创作留下思考。十年前，我们在做镇江市丹徒规划展览馆的时候，选址在城市新区与自然景观的交界处，第一次去看场地就觉得那个地方不应该有任何建筑。所以处理这个 3000 平方米的房子的核心问题就是让它成为场地环境特征的反映，而不能增添任何对场地原有流线、景观等的阻碍。我之所以对这个小房子念念不忘是因为它颠覆了我原有的设计习惯，不再围绕空间、形体去展开，而是想方设法尽量让这个房子“消失”在环境中。

另外一个印象深刻的房子就是位于江宁的金陵神学院主教堂，这个教堂原本就是南京地区基督教交流的重要场合，我为此翻阅了很多资料和书籍，想要了解这种信仰的精神层面以及它作为一种神学思想所具备的学问层面的东西。当我第一次带着做好的模型去拜访丁主席时，他问我信不信基督教，我说了实话不是信徒，原本以为他会生气，没想到他拿着模型里里外外看了好久，很喜欢我的这个设计。那时候我就发现，人的精神世界，即便信仰不同，但仍然是可以相通的。我用了很长时间去体会教堂这个“场所”，用心体会它内部空间的塑造。基督教三大命题中其一就是：上帝是“慈父”，区别于天主教堂，做礼拜是与上帝的交流，而非忏悔。所以内部的光线不能太刺激，应该是明亮而又温润的，如同雾一般。用科学术语来说，就是要形成漫射光，而非直射光。像巴黎圣母院那样的光线就太过于炫目了。现在这个项目快建成了，我也比较满意目前教堂内部的光线状态。

Q　刚才您提到“建筑工业化”，能谈谈对它的理解吗？

A　有几点粗浅的想法。首先我觉得，把“工业化”简单理解成“标准化”是很不对的。“标准化”是产品定制的概念，“工业化”是一种通过采取先进的制造方式而提高效率的生产模式，“标准化”的目的是能把复杂的对象归类于某些标准。然而另一方面，随着现代社会文明的提升，人们对个性的表达需求随着时代发展在持续上升，所以这两方面应该予以融合。文化、个体的差异如何才能通过工业化生产的方式产生？反过来讲也可以说成是工业化如何

适应文化的不同以及个体需求的不同。需要从两方面的源头去探索，一方面是建筑的需求，另一方面则是工程技术，例如土木工程、材料等学科，仅有后者不足以发展“建筑工业化”。另外，也要质疑一些被广泛接受的观点：工业化就是工厂生产，需要现场装配。中国需要探讨的是“建筑”工业化和国家地区融合的特色方式，但目前却处于还没想清楚“建筑工业化”是什么就开始兴起的状态了。

Q　有人说欧洲是“工业精神”，您如何理解中国的“工匠精神”？

A　首先，绝不能从手工化还是工业化的生产方式来区分“工业精神”与“工匠精神”。工匠精神的本质内涵在于对手工艺的尊重与崇尚，它是中国社会自古以来文化特点的其中一种。它有两方面的特点，一方面是与社会生活紧密结合，适应生产生活的需求；另一方面它又追求精益求精的上乘品质，要求严格，追求精致。所以我觉得“工匠精神”的反面是浮夸、浮躁，而不是工业化，工业化同样可以体现“工匠精神”。

Q　自 2015 年上任以来，您做出了一些很有成效与特色的教学改革，能谈谈吗?

A　其实这些改革并不是我个人的特点，而是一种教学体系的传承。历届院长都在任期内做了不断地探索。我们不断在探讨东南教育的“变”与“不变”，“不变”是指随时间沉淀下来的精华，“变”则是随时代的步伐积极做出的改变，而不能为了有改变而改变。“三年一大修，一年一小修”是东南本科教育历来的传统，也受到了广泛的认可，我上任时正好是“三年大修”的年份罢了。陈薇老师总结东南学派的十字特点，我非常赞同。“做”：一切都要转变成行动；“融合”：知识之间的相互融合，知识与行动的融合，思维跨度的融合。我们所推行的国际化合作、校企合作都是要实现这些融合的目标。“批判性”：独立思考而不基于他人与自身既有经验的判断。最后是“融合创新”。

在本科教学体系上，我们以设计为核心，这是几十年来都不能变的，强调设计课来带动其他专业课的学习。第一，是要建立三个专业——建筑学、城乡规划、风景园林的专业基础大平台，强调三个学科的基础共通，而学科的差异是体现在开拓专业分支上。学生不能越走越窄，做规划的不能不懂建筑，否则规划也做不好；基础大平台投入了大量的师资力量，齐康院士、王建国院士包括我在内都会去给一年级的上概论课。第二，我们增加了高年级前沿探索选修课，这些专业课程本科生与研究生一起上，很多课程也请了外国的教授。比起单独讲座来说，更具备系统性和完整的方法论。总结前两点就是“宽基础，拓前沿”，整个本科的人才培养体系如同一棵大树，底部是扎实的宽基础，中间是粗树干，往上再是发散专业的分支。第三，课程融合打通，改善了以往设计与其他学科相互独立的状态。各种技术课除了讲授基本概念，也要参与到设计课的讨论、改图、评图之中，改善以往学生学了技术不知道该怎么用在设计中的状态，我们把这种课程融合的教学称之为“集成教学法”。这些教学体系的调整都需要教师付出大量的心血和努力，甚至是不能用考核体系去评价其业绩的，这恐怕只能在东南大学这样的具备教学责任传承的地方才能实现。此外，我也不断与同事们强调，要把时间还给学生，学生的能力培养可能至少一半不在课堂之内，所以一定要把学生从课程的压力中解放出来，我们也为此取消了很多类似“CAD”这样的工具教学的课程。

金陵大报恩寺遗址博物馆

金陵大报恩寺是明代永乐年间在原宋朝寺庙范围基础上兴建的皇家寺庙。寺庙内藏有佛祖舍利的琉璃塔曾被喻为中世纪七大奇观之一，享誉世界。该寺庙于 19 世纪中叶毁于战火。金陵大报恩寺遗址公园位于中国南京市城南古中华门外，规划设计经历众多学者十余年的考古发掘、研究、设计竞赛、调整和论证，至 2011 年基本定案。

金陵大报恩寺遗址博物馆是遗址公园的一期工程，是保护并展示大报恩寺遗址及出土文物、展陈汉文大藏经及相关佛教文化的大型博物馆。其设计理念基于两个关键问题：其一，如何在严格的遗址保护要求下，使遗址本体的信息得到最恰当的呈现，并与现代博物馆的多元功能相得益彰？其二，如何在形式风貌上恰当地建立起历史与当下的关联？建筑创作通过置于城市格局中的遗址连缀、地层信息的叠合判断、围绕遗址展陈的空间经营和基于技术创新的意象再现等策略，实现了在地脉和时态的关联中传承和创新的初衷。新塔的创意体现于四个方面：在历史和当代之间跨越；在真实和意境之间穿梭；在需求和创新之间平衡；在建筑与城市之间互动。

建筑师：韩冬青、陈薇、王建国、马晓东、孟媛

作品地点：南京老城南中华门外

设计与建造时间：设计 2011 ~ 2013 年，竣工 2015 年

工程规模：6.08 万平方米

镇江丹徒区城市规划建设展览馆

建筑师：韩冬青、王正、陈科丹等

作品地点：镇江丹徒新区

设计与建造时间：2006 年 2 月 -2008 年 11 月

工程规模：3100 平方米

建设单位：镇江市丹徒区建设局

该项目选址于丹徒新区南北向的公共绿轴南部。项目设计的基本问题是如何在地形和缓起伏、河流贯穿、水塘密布的场地中，消解建筑与自然环境的二元对立，使建筑融入地形和环境，并成为激发市民活动的媒介。

消隐体积是项目设计的基本策略。利用基地与城市道路的高差，建筑被构想为一处水平展开的公共平台，建筑所需要的功能空间被安排在这个公共平台之下。步行桥跨河连接北侧道路与南岸公共平台，并通过一处可兼作露天讲坛的台地踏步与建筑南侧的地面层主入口联系起来。这条开放的公共步行流线与场地原有的穿越行路径联系起来，从而避开了展览馆闭馆时段的影响。这一构想避免了建筑孤立地占有原有公共场地和景观资源，将场地几乎完整地归还给了未来的游客，创造了一处可以聚会、观景的高架公共平台，同时将场地不同标高联系为一个整体。屋面平台上突出的梯形采光盒以次一级的尺度和山石意象，进一步强化了自然的意趣。

城市建筑工作室成立于 2006 年，是东南大学建筑设计研究院有限公司下设的以建筑设计和城市设计及其理论研究为主要目标的开放型专业机构。机构成员包括学院教师、职业建筑师和硕士及博士研究生，共计 40 余人。工作室以城市建筑为主要关注对象，谋求理论研究、工程实践和研究生培养的互动和融合，同时致力于创造一种既轻松又严谨、既丰富多彩又特色鲜明、既利于机构发展又鼓励成员进步的工作室文化。

工作室以整体环境优先的观念为基本宗旨，坚持建筑设计与城市设计双线交互发展，坚持理论探索与实践创新相互促进。一方面，在城市公共设施、文化建筑、教育建筑、宗教建筑、景观建筑等创作题材上形成相对的类型优势；另一方面，在不同尺度与类型的城市设计创作和编制工作上形成了以“形态设计 + 导则编制”为系统路径的方法特色。自工作室创建以来，完成建筑工程设计 50 余项、城市设计 40 余项，获全国勘察设计协会、教育部、江苏省优秀设计奖 20 余项；完成和在研国家及地方科研课题 20 余项；培养硕士和博士研究生 70 余人；发表学术论文 90 余篇。

天津华汇工程建筑设计有限公司总建筑师

天津大学建筑学院教授、博士生导师

中国建筑学会常务理事

中国建筑学会建筑理论与创作委员会委员

天津市规划委员会建筑艺术委员会常务理事

中国建筑业协会常务理事

建筑学报、世界建筑、城市环境设计、建筑知识、城市建筑、新建筑等多家建筑学术杂志编委

2016 梁思成建筑奖获得者

全国工程勘察设计大师

作品曾获亚洲建协金奖两项、荣誉提名奖一项

获国家金奖三次、银奖两次

获省部级奖项多次

Q　能谈谈您是如何走上设计这条路的吗?

A　在设计这条路上我一直是位没毕业的学生，并在不断地学习中。我的学习经历可以分成三个阶段：第一阶段是基础学习（理论），1981年我进入天津大学建筑系，开始学习与建筑相关的知识。1985年，天津大学录取第一届研究生，我有幸被保送，跟随彭一刚先生继续深造学习，毕业后留校任教。那些年，因为学习资料的缺乏，老师要求我们大量抄图。现在回想正是因为这种教学方式让我们打下了扎实的基础，通过绘图慢慢感受建筑氛围，训练眼与手的协调能力。天津大学自徐中先生开始倡导并延续至今的强抓基本功的教育理念，相信令无数天大建筑学子受益匪浅。第二阶段属于深造学习（体验),1990年,我开始了德国的游学生活。课程之余，游走欧洲各地，实地考察。这段经历开阔了我的眼界，积累了宝贵的设计体验。过程是辛苦的，但收获颇丰。在此期间中国掀起了改革开放的浪潮，作为一个热爱建筑的人，我当时就一心想回国做设计，把自己学到的东西运用于实际的建筑设计之中。第三阶段是进阶学习（实践），回国后，我辞去了天大教师的职务开始自主创业，当时叫个体户，很多人都不理解我当时的举动，幸运的是我的家人思想都很开明，尊重我的选择。对我而言这个学习阶段是漫长且最具挑战的，要不断地学习、尝试、突破，跟上时代和市场的需求。

Q　您选择辞去天津大学教师这么好的工作，转而创办自己的设计公司成为一名民营企业家，在这个过程中您有过危机感或者后悔自己当初的选择吗?

A　创业是很难的一件事，当时也做好了挑战各种困难的心理准备，家人和朋友给予了充分的支持，他们是我最有利的后备军。回想当初做出这样的抉择还是蛮有勇气的。幸运的是我赶上了改革开放的浪潮，赶上了我国城市发展热火朝天的时代，有了前所未有的舞台，能够大胆探索、充分展示，去实现自己的建筑梦想，可以说是时代铸就的幸运儿。当然创业初期还是蛮辛苦的，如人饮水，冷暖自知，当然我始终欣赏并坚信一句话：机会总是会眷顾那些有准备的人。

Q　在您的设计生涯中对你影响最大的人是谁？

A　在我的人生中有很多人给予了我很多的帮助，正是有了这些人的协助，才成就了今天的我。非要选出一个最重要的人，那这个位置非彭一刚先生莫属。彭先生是我学习建筑知识的启蒙老师，也是我的人生伯乐。从上大学期间就不断地指导、督促我们打好基本功。并引导我们对建筑产生兴趣和感情，让我们自发的主动学习知识。这就是孟子所说的“自得”，所以学生自得自动，必先有教学生学的老师。彭先生很懂得因人施教，圈内人士都知道除了我以外，崔愷、李兴刚都是彭先生的学生，我们每一个人都有自己的特点，彭先生充分发挥我们自身潜能。由此可见，作为一名老师彭先生是相当成功的，大家也经常调侃彭先生是“名师出高徒，高徒出名师”。现在我自己也在带天大的研究生和博士生，我将延用彭先生的教学方式并结合当今建筑设计理念，让我的学生在设计方面有更多的实践经验，也希望他们能在建筑领域有所成就。

Q　您的设计理念是什么？

A　我一直喜欢那些清晰、有节制且充满智慧的建筑，它们的设计策略简捷有效，尊重环境、空间适度，建造方式巧妙合理，创造性地利用种种限制资源，并能恰到好处地达到感性与理性的平衡，营造出有意境的空间氛围，在强调个人追求的同时考虑建筑的社会责任，在一种举足若轻的操控下，回归建筑的本质。

Q　在您设计的作品中最满意的是哪一个？或者相对满意的是哪一个？

A　这是最难回答的一个问题。所有设计师在其设计生涯中，都是不断改进的一个过程，所以没有绝对满意的作品，最多是相对满意。到目前为止我觉得做得最对的一个作品就是玉树格萨尔广场项目。这个项目包括纪念馆、规划展览馆、市民活动场地以及一些辅助功能。一开始我们也尝试做些在建筑概念上比较有突破的设计，但很快我就发现不对。一是当时灾区的状态已经很困难了，我们不能给灾区人民再添乱；二是对当地文化不够了解，当地 97% 都是藏民，他们的理念风俗和我们不一样，比如类似三角形的东西在他们看来是诅咒，是不能用的。所以我们把原方案中很多棱棱角角全部去掉，回到当地人最喜欢的坛城的方圆形式。中间是保留下来格萨尔王的雕像，雕像位置不能变，但抬高后在下面藏了纪念馆，剩下的建筑就是最简单的一长条。除了为满足抗震要求的混凝土支撑墙体外，所有外墙就用当地材料做，当地藏民就能完成施工。灾区海拔很高，建造很困难，如果采用其他地方的材料还要通过西宁运上去，非常麻烦。所以我们也是想尽办法简化建造的过程，因为你不是去为了实现自己的一个作品，而是来帮助他们的。

Q 每届梁思成奖获奖人都会引起社会很大的响应，您获奖后有何感想？

A 能获得梁思成奖我非常激动，也感到很幸运，感谢评委对我作品的认可，给了我莫大的鼓励和信心。当然同时也感到了许多的压力，因为意味着今后要更加努力，才能不负众望。

天津大学冯骥才文学艺术研究院

建设地点：天津市津南区　　业主单位：天津大学

用地面积：$4.7hm^2$　　总建筑面积：5.43 万

设计时间：2010-2012 年　　竣工时间：2015 年

水院与架空（1）

水院与架空（2）

北侧透视

内院透视

南侧局部

建筑东立面

内部中庭

主楼梯细部

天津大学冯骥才文学艺术研究院，选址于天津大学主教学区。基地形状方正，东侧紧邻校园主干道，南侧为教学实验楼，北侧为马鞍形体育馆，西侧与校园内最大的青年湖相邻。

方案从基地出发，方形院落围合场地，以功能体块嵌入其中，组织景观环境的设置共同形成统一完整的空间形体。与建筑等高的院墙下部

室内光影

围实，上部透空，既遮蔽了外部的干扰也形成了院落的空间限定。院中斜向架空的建筑体量将方形院落分成南北两个楔形院落，建筑首层的架空处理不仅保持院落之间视线上的贯通，也极大地丰富了空间层次。一池贯穿南北院落之间的浅水、院落中保留的几棵大树、爬满绿植院墙、青砖铺就的庭院，共同营造了一个静逸的现代书院意境。

青海玉树格萨尔广场

建设地点：青海省玉树藏族自治州

业主单位：玉树州三江源投资建设有限公司

用地面积：6.93 hm^2

总建筑面积：8200m^2

设计时间：2010 年

竣工时间：2013 年

规划展览馆入口前广场

模型

在国家的巨大灾难面前，建筑师怀着强烈的社会责任感接到这项任务，面对着这个在特定的地理环境下、具有高度宗教信仰的藏区，怀着高度的职业兴奋感深入研究。在设计过程中，建筑师对地域文化与自然环境心存敬畏，弱化建筑，甘当配角，不在如此古拙的土地上留下刻意的人工痕迹，尽可能保留当地原始而深沉的气质，建造属于这里的建筑，将自然条件与当地文化自发形成的内在逻辑保存下来。一圆一方、一点一线、原始的图形、当地的材料、微倾的墙体也传递了建筑师对这片场地特有文化、特殊功能的思考与回答。

规划展览馆入口前广场

近景格萨尔王雕像

窗细部

院落

室外广场

院落

藏阅一体空间

东出入口

内院

天津大学新校区图书馆

内院全景

项目地点：天津市津南区

业主单位：天津大学

用地面积：4.7hm^2

总建筑面积：5.43 万 m^2

设计时间：2010-2012 年

竣工时间：2015 年

学生是使用校园图书馆的主体人群，在建筑中，舒适的阅读环境、便捷的交通路径、高效的阅读体验是关键，因此，我们的设计方向是“以学生为本”，希望做一个平和、自然、安静、利于交流和使用的建筑。

建筑仅有四层，尽量做到压低高度，放大平面，并在尺度较大的平面里挖空一个 72 米见方的院子作为阅读广场。图书馆东、西两侧中部的底层用异形曲面架空，形成通往内院的出入口，人们可以在其中穿行，庭院不仅仅是图书馆的庭院，更像是整个校园的公园。图书馆的空间模式由此变得特殊，不再是传统的那种高大、庄重的形象，而是通过中心“庭院”弱化建筑体量，使其更加平实近人。

入口景象

西出入口

1995年，建筑师周恺先生与合伙人共同创办了今天的天津华汇工程建筑设计有限公司（HHDesign）。一路拼搏至今，公司已经发展成具有国家建筑、规划双甲级资质的综合性工程设计机构，同时具备一类施工图审查资质（含超限工程），并于2009年获得全国工程勘察设计行业国庆60周年“十佳民营勘察设计企业”大奖。

为了保证设计时的良好状态，2015年底，周恺先生带领几位助手及硕、博士研究生，组成核心创作研究团队，搬进自己设计的一栋小建筑中，成立了相对独立的“水西工作室”。工作室的设计项目主要是公共建筑，涵盖类型多样。不论面对何种建筑，周恺先生都很注重地域文化对城市、对建筑、对人的使用方式的影响，同时也非常重视当代艺术性在建筑中的表达，设计中既有感性的丰富想象，又有理性的逻辑分析。此外，分别对当代艺术观念与形式、各个项目的艺术理念和技术支撑展开深入全面研究，将设计创作与理论科研同步进行。

浙江省工程勘察（建筑设计）设计大师

筑境设计总建筑师

东南大学建筑设计与理论研究中心副主任

1982年毕业于东南大学建筑系建筑学专业，现任东南大学建筑设计与理论研究中心副主任、筑境设计总建筑师。

从事建筑设计工作以来，先后主持了大型复杂的工程项目及各类公建项目近百项，其中多项作品获国家、省部级奖项，包括全国优秀工程勘察设计行业奖一等奖、中国建筑设计（建筑创作）金奖、世界华人建筑师协会设计奖，以及数项省级优秀建筑工程设计一等奖等。

Q　您东南读本科，同济读博士，在这两所学校求学给您留下印象比较深的有什么事？

我是 1978 年进入东南大学的。那个时候全国刚刚恢复高考，整个教育环境也刚刚从沉寂的状态慢慢复原。当时的东南大学称南京工学院，也是我在高考时报的第一志愿学校。当时是凭着对美术的爱好选择了建筑学这一专业。在那个年代，学习资料十分有限，建筑设计的学习主要是通过懵懵懂懂的画图、老师的改图及同学间的日常交流逐渐领悟的。这种默会式的学习方式潜移默化地将我引入了建筑设计的大门。至于后来去同济读博士已是在我毕业工作了十几年以后的事了。

Q　就是觉得需要深造？

主要是想换个状态。

我毕业后被分配到宁波工作，很幸运地遇到了我设计实践的启蒙老师——冯崇元先生，并有幸在他身边跟他一起做项目。工作中，他放手让我独立完成从方案设计到施工图设计的全过程，并言传身教、悉心指导，对我帮助很大。当我在四年后从宁波调回杭州时，已经能承担设计院的重要工作了。在杭州一干又是十几年。应该说我们这一代人是很幸运的，赶上了国家急需建设的大好时光。因此在那个年代，有机会承担了较多重要的设计项目，获得了较快的成长，取得了一定的成绩。但另一方面常年持续不断地高强度工作和加班加点也是那段时光的常态，会有一种透支过多或被抽空的感觉，因此也常想停歇一下，换一换状态，获得一些输入，这样便有了再进学校去读书的想法。好在单位领导很支持。当时报考的是同济大学卢济威先生的博士研究生。卢先生那时正在进行城市设计的研究与实践。跟卢先生学习的那段经历对我看待城市与建筑的方式以及今后的建筑设计创作都产生了很大的影响。

应该说东南的学习为我打下了建筑设计的基础，同济的学习为我拓宽了视野，回过头来看，这种学习、实践、再学习、再实践的过程对设计创作很有助益，它不是让你觉得懂得了更多的东西，而是相反，让你更知道了自己的有限，也更觉得自己需要保持持续不断的学习与反思来对待每一项设计。

Q　我看到东南的一些老先生，手工画都画得太好了。有一次跟齐康老师一起吃饭，说起来了自己的一个项目，随手在餐巾纸上就开始画，画完了旁边一个人马上捡起来请签名，说回去裱起来。画的真好，功底很深。

A　东南的老先生图画得好，做起设计来又像工匠般的细致。我们读书的时候，有一次杨廷宝先生给我们讲课，机会难得，大家都想从杨先生那儿知道，怎样才能做好设计，有什么秘籍。结果整堂课，杨先生向大家强调的是对建筑尺度问题非常具体的观察体验，要求大家平时随身带一把尺子，一本小本子，多感受、多观察，看到好的比例、舒服的尺度多去量量、多做记录，希望大家把设计的表达与对建筑非常具体的感知建立关联，给人印象很深。

Q　您现在也在带东南的研究生，在教学过程当中，您如何挖掘学生的潜力，引导他们找到自己的创作方向？

A　在校的学生都特别希望做出一些有创意的东西，因此在教学过程中比较重要的是在他们的想法里发现闪光点和有价值的东西，鼓励学生去发展它们。另一方面也会鼓励学生在具体项目的分析调研中积极寻找问题，提示引导他们如何根据问题、根据设计意图来建立起建筑形态与场地环境、功能的逻辑关系，创造性地解决问题，并由此推动设计。

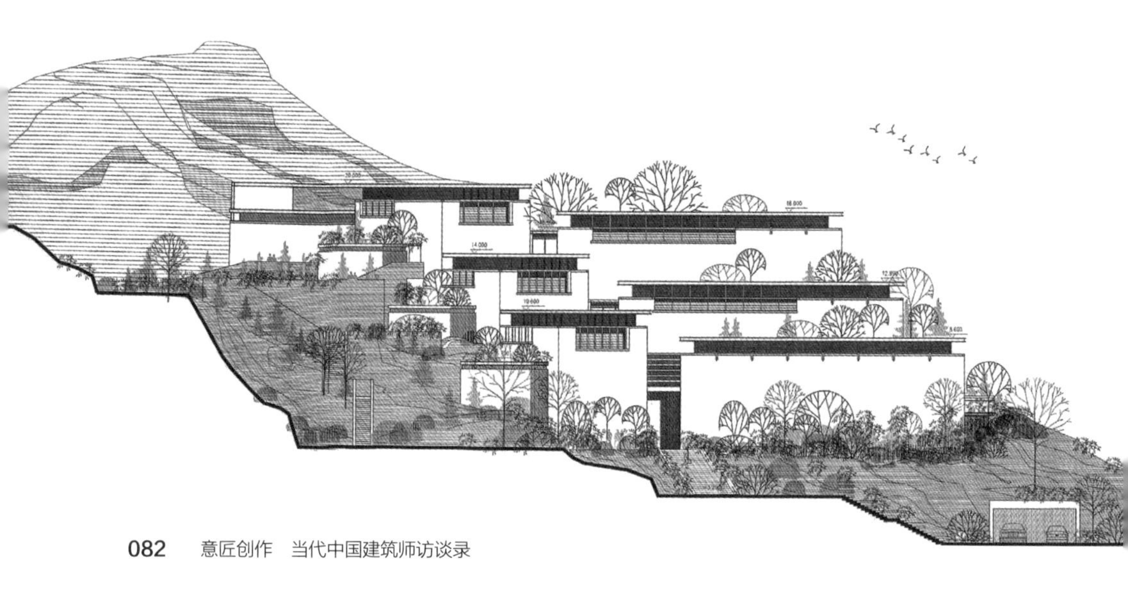

Q　您是职场里的建筑师，同时承担一定的教学任务，您知道职场和教学之间的衔接，您对现在的大学生有什么建议，比如他在求学过程中如何来适应未来的职场发展，在求学当中要关注哪些，才能使自己未来在职场上有更好的发展？

A　在校学生中从一到三年级阶段，通过对于建筑空间和形态的学习操作逐渐认识了建筑空间及形态问题，也掌握了基本的操作构成方法，对建筑设计也有了基本的认识，但逐渐地，当他们进入四、五年级，面临一些需要他们结合自己对社会、城市问题的观察分析和思考来进行设计时，往往觉得有些茫然，因此我觉得，除了专业学习，学生自身关于社会、人文方面的思考与积累非常重要，这就需要学生拓宽视野，更多地关注社会、体验城市，发现问题，将设计构思与建筑所在的场地、功能以及所要解决的问题建立起逻辑关系，当你真正建立起这些关系的时候，所创造的建筑空间、形态就不再是孤立的视觉形象，而是有血有肉有生命的了。这也是我在带四年级或五年级学生的毕业设计时特别强调注重的。

Q　在当前多元的建筑创作环境中。您如何坚持自己的设计理念，它是如何产生并且贯彻在您的作品当中的？

A　对于建筑创作，更倾向于把建筑作为城市的一部分，从城市的角度切入建筑场地来分析研究。会从人们的行为、城市的日常需求以及建设场地和周

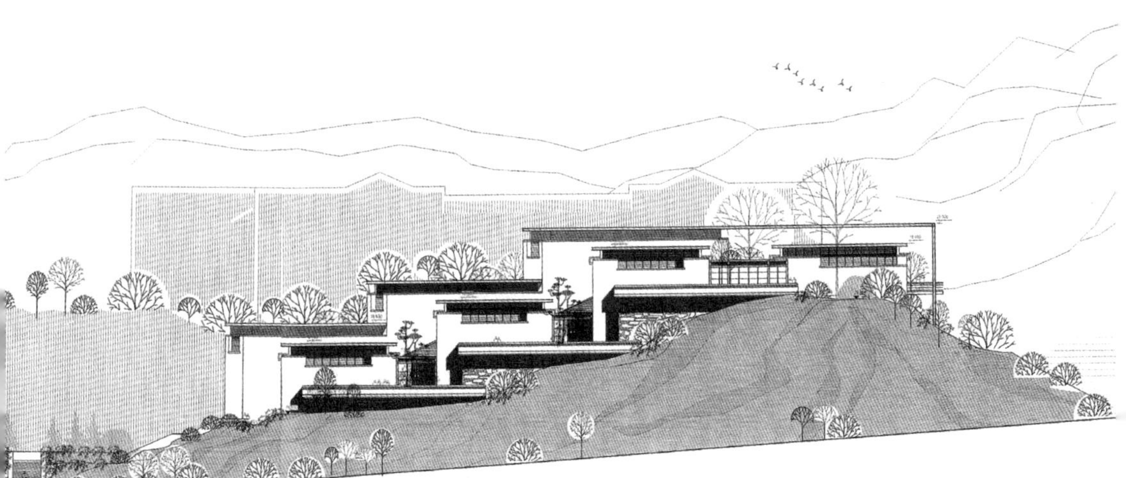

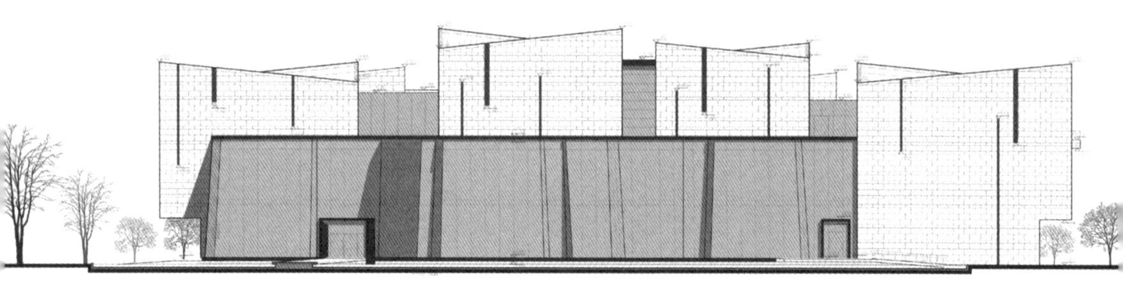

围环境的关系中去寻找问题，发现潜在的可能性，创造性地营造场所，解决问题。由于自己设计的建筑大多为文化类的公共建筑，因此特别关注它们所涉及的公共性、开放性和日常性问题，关注它们与城市的各种关系。我以为一个好的公共建筑不应该是封闭的、自足的，孤立地被人们绕行观望，它应该是城市的有机组成部分，能激发城市生活更多的自由、生气和可能性。它们中的一些问题也一直是我的研究生研究的主要方向。

Q　**在您的建筑设计过程中，给您印象深的，相对来说比较满意的是哪个作品？**

A　相对来说比较满意的作品可能是吴山博物馆吧。这是一个与山地及周围环境结合得比较好的一个作品，它的基地位于杭州吴山脚下，正好处于吴山风景区与清河坊历史街区的结合地带，是一处山地。基地内原有一些低矮的仓库和开挖山体后建成的临时停车场，原有的山体被破坏了，成了景区与城市间的一块突兀的飞地。针对这一场地，设计一方面通过恢复原有山体的布局形式修复被破坏的自然肌理，另一方面又结合清河坊历史街区的尺度来建构博物馆，使它触入与历史街区相匹配的城市肌理；此外设计也试图创造一处连接城市街区与山林景区的博物馆公共空间，充分利用了地形地势，于山地的不同高度上组织各展厅，并通过一条具有公共性的山道空间，将这些展厅并联在一起，由于这一空间有比较强的公共性，自然形成了一条联系清河坊历史街区与吴山风景区的步行路径，使得博物馆既有序地组织了各层台地的展览空间，又自然地连接了城市与山林景区空间，增加了它的公共性与开放性。

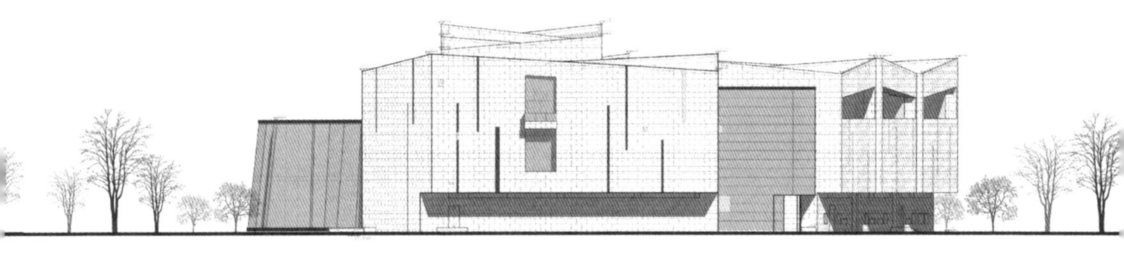

Q　您从业 30 多年，作为一名女性建筑师，很难得。请您从个人角度谈谈女性建筑师在职场里的优势和劣势。

A　如果说优势，我觉得可能在于女性建筑师一般来说比较感性，更敏感于建筑之间的那种东西，更善于通过空间形态营造场所氛围吧。但女性建筑师客观上也会面临一些现实问题，她们常常在家庭生活中承担着无可替代的角色，需付出更多的时间与精力。但我想，一名女建筑师也应该是一个既能有宽广的视野，又能触摸到琐碎生活、富有感情，有很多具体而细微感受的人，否则做的设计就会缺失温度。

Q　在我印象中，以前中国的男性建筑师占据多数，女性建筑师还是比较少的，因为这条路太辛苦了。但现在在校的女生学建筑比男生要多，那是不是女生的职业比例要大幅度上升？

A　的确，不论在学校还是在职场，现在很多女生表现出了很强的能力，干得很出色。至于未来是否女生的职业比例会大幅度上升，我想不一定，应该会有趋于均衡吧。有时候我想，中国的独生子女政策一方面使孩子们受到了前所未有的保护与关注，另一方面可能也造成了它始料不及的基本现实，它使得女孩子的自信心与能力得到了较好的建立与发展，她们在学校里的考试成绩也往往较男生好。相反男孩子却因受到过多的关注与保护，加上缺乏以前家庭内外的孩子们本该常有的打闹玩耍互动，在一定程度上抑制了他们潜质的调动。在考试分数还是主要评判标准的今天，学生的分数排名以及录取也会使女生更有优势。这可能是特殊历史时期很有意味的特殊现象。

杭州吴山博物馆

项目地点：浙江杭州

设计时间：2005 年

主创团队：王幼芬、马亮、谢维

建筑面积：6082 平方米

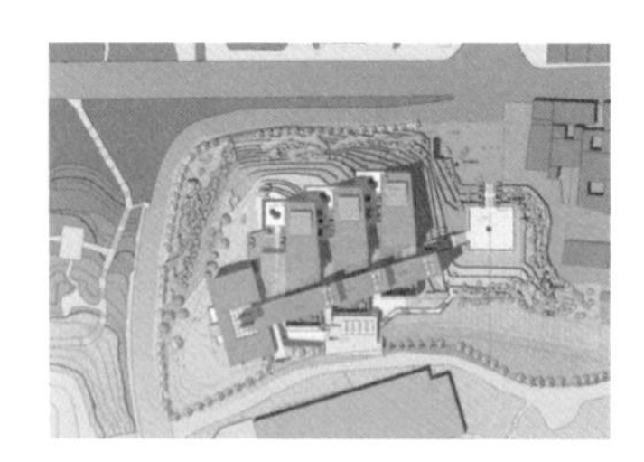

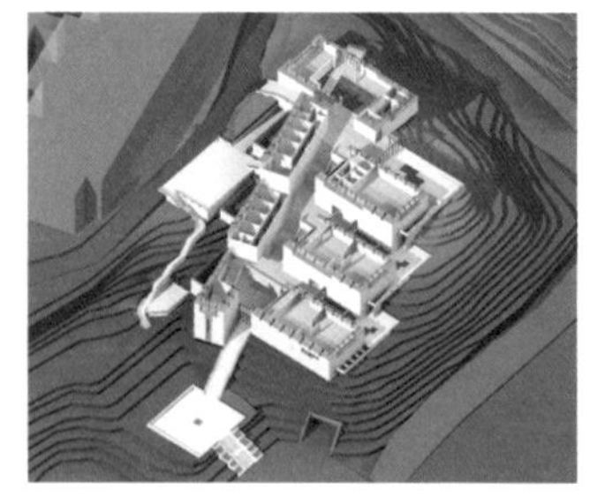

基地位于杭州吴山山脚与清河坊历史街区结合部的山地上，原址有一些低矮的仓库及开挖山体后建造的临时停车场，环境较为零乱。设计希望通过博物馆的建造，修复原有山体的自然肌理，同时结合清河坊历史街区的尺度关系，形成与其相匹配的城市肌理。此外，设计结合山地地势，于若干不同高度的台地上布置各组展厅，并特别设计了一条具有公共性的“山道”空间，既连接了不同高度上的展厅，又形成了一条联系清河坊街区与吴山景区的步行路径。

吴中博物馆

项目地点：江苏苏州

设计时间：2014 年

主创团队：王幼芬、骆晓怡、曾德鑫、陈立国、周亚盛

建筑面积：18035 平方米

吴中博物馆坐落在美丽的澹台湖南岸，基地南侧为规划中的商业步行街区，北侧则面临澹台湖景区，视野开阔、景色优美。

在总体布局中，设计将展厅等功能空间集中布置于建筑南侧，结合内向性的中庭空间及院落空间加以有机组织，而将建筑主要的公共空间布置于景观佳好的基地北侧，设置连续自由的通透界面，建立与室外景观的视觉联系，使内部公共空间舒朗明快，给人以心旷神怡的感受。此外，为了使基地南侧沿河一带同样具有一定的生气，设计在此结合景观设计及底层外立面上设置展示橱窗，布置了一处静雅的沿河步行带，并使这一临河地带既有了相应的文化氛围，又与南侧商业街区有了良好的过渡。

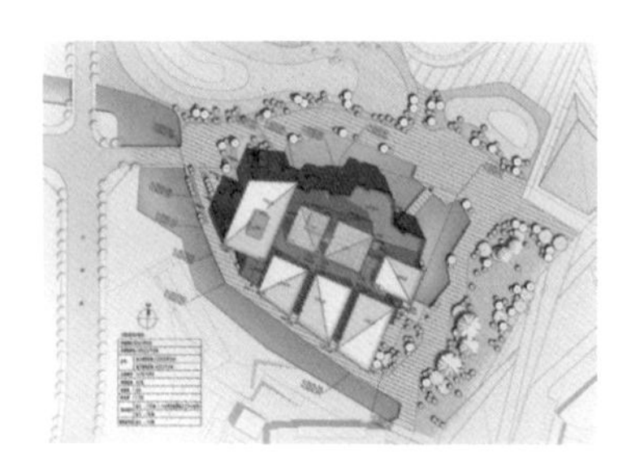

CCTN 筑境设计

DESIGN

杭州中联筑境建筑设计有限公司

筑境创立于 2003 年，由中国工程院院士、全国工程勘察设计大师程泰宁先生主持，是一家以建筑设计为核心竞争力，同时覆盖城市规划、景观设计和室内设计于一体的综合性专业设计咨询机构。具备建筑行业工程甲级资质。筑境聚焦文博建筑、城市更新、泛 TOD、泛地产、酒店建筑、教育建筑、六大专项研创板块。

目前筑境布局 7 大城市，在上海、杭州、青岛、厦门、成都均设有分支机构，拥有合资设计机构北京首钢筑境国际建筑设计有限公司和南京东南筑境建筑设计事务所有限公司，服务网络辐射全国。同时，由程泰宁院士主持的企业院士工作站于 2014 年正式成立，是江苏省设计行业首家院士工作站。程泰宁院士领衔的东南大学建筑设计与理论研究中心，既是筑境探索建筑文化内涵的学术支撑和培养设计人才的重要基地，也是筑境延展学术触角、扩大国内外学术影响力的操作平台，更是配合筑境设计实践进行专项技术深入研发的核心智库。

教授级高工

国家一级注册建筑师

Wutopia Lab 创始人，主持建筑师

Let's Talk 创始人

城市微空间复兴计划创始人

旮旯空间联合创始人

俞挺认为建筑应该刺破形式主义的皮囊，坦诚人的七情六欲，并继续深入，刺醒久已沉睡的灵魂。俞挺的建筑，精致的拙朴，是他追求的建筑境界。如果这个世界不够美好，我们就给他创造一个新的世界。

Q 您好，您是在清华攻读了本科，在同济攻读了硕士及博士，能否结合您的求学经历，谈谈对上海和北京这两个城市的感受？在求学过程中，您印象最深的事情是？

A 在同济读硕士和博士的求学，都是在同意我保留本职工作的前提下，进行一个全日制的攻读，所以和具体老师的接触比较少。在清华读书的时候，我其实不是很喜欢清华，因为上海人是不太适合在北京生活的。但是当我离开清华，我会发现当年我对清华的不满和反抗其实也是清华给我的教育。

清华教给我的几件事情是：

1. 清华不相信眼泪，只相信努力。清华的信条是通过自己不断的努力，去做成一件事情。

2. 我在清华毕业的时候，我大一时候的田学哲先生，突然托人给我转了一个口信，说我即将踏上社会了，我的性格呢，桀骜不驯，在社会上有可能会碰到问题。他很欣赏我读书时表现出来的才华，希望我在工作时，不要把我性格上的这一面表露出去，以免影响到我，给我带来以后的人生上的困顿。这就是德。德是人得以非常强大的走到最后的重要精神力量。另一位教会我德的是陈衍庆老师，曾经我在大学时候的狂妄让我成为一个脱离于集体之外的人，是陈老师把我拉回到集体之中，让我明白孤独其实是可耻的。他们都对我年少轻狂的一面表现出克制并欣赏的一面，但没有纵容。这个财富，在我当时未必意识到。在后面长久的工作中才逐渐意识到，这是多么幸运的事情。同济我的硕士导师是王伯伟老师和蔡镇钰老师，博士导师邢同和老师，用宽容让我的才华可以保留、可以发挥，用他们的德帮助我去除一些身上的攻击性或是戾气。所以德是我在清华和同济都学到的非常重要的东西。清华另外对我很重要的一点，是给了我看问题的格局。上海人的重心是围绕着生活，格局不如北京看问题来的宏大。北京的宏大，往往又会失之于空泛，上海人的务实与扎实，又可以使这个宏大富于内涵。所以同济和清华教给我的是思考。

而更重要的一次思考，是我 2008 年在圣马丁学院进修。我又接受了非常规范的学术思考。通过这三个思考，形成了我自己，对人生，对世界，对建筑学的一个完整的自己的思考范式。

每次学习，当时未必觉得，但是回看的时候，都是必不可缺的。所以我觉得很幸运的是，在思考和建筑学实践上，我没有变成一个纯粹的北京人或是上海人，我有幸地利用这三次对我重要的思考，将它们的逻辑审慎严密，格局的宏大，务实，对生活细腻的关注和思考，结合在一起，形成了我现在的设计范式。

Q　北京和上海这两座城市对您后面的创作的影响分别是什么？

A　对我来说，最重要的创作就是在上海。我们有很多年轻的建筑师，也能发现许多 Base 在上海 / 北京的建筑师，但是你很难发现一些建筑师是扎根在某个特定城市，发现他的创作灵感和渊源是来自于这个城市的建筑师。譬如说，属于上海的建筑师。我想，我在上海做的事情，就是扎根上海。上海作为一个庞大的城市，它面临的挑战，要解决的问题，就已经足够丰富，不应该是被浮光掠影的对待。

我的作品中 80% 的建筑实践都在上海，偶尔有一些在长三角。上海是我灵感、题材的来源，实践的战场。

而北京的存在，则是能够让我时不时地从上海中拔出来看一看，你是不是因为过于专注，而失去了一些看问题的角度。北京和伦敦的角度会帮助我去做这个事情。

Q　您的履历中，您在现代集团中工作了整整 18 年，这 18 年大院经历对您的影响是？

A　我觉得大设计院的价值，在这几年是被低估的。因为大设计院很容易被社会舆论贴上标签，例如设计流水线，没有创意，设计蓝领等。这种贬低是没有意义的。久而久之，设计院也把自己看低，这种自我矮化也是没有意义的。

于我而言，我是很感谢大院给我的训练的，这个训练主要在两个方面，一是强大的项目管理能力，而这在建筑学教育中特别的缺失。一个项目建筑师，如果没有好的项目管理能力，只能靠自己的体力去应对问题，效率就会很低，也容易使项目失控，节奏混乱。二是庞大的技术支持。建筑学不是个人情怀或个人理想的事情，再小的项目，都是需要多工种配合的。大院的教育中，教会我去学习了解其他工种的能力、考量，要懂得与他们协调，去调动最有效的资源，使得你的设计成果得到最好的实现。而很多现在实践建筑师、年轻建筑师，缺乏的就是这种项目统筹、协调的能力。

当然，在现代集团的时候，集团给了我很多机会。这些机会，对年轻人来说是非常有激励意义的。所以大院的经历，对于我的人生是一个重要的环节。

Q　**在您的建筑创作过程中，您始终坚持的设计理念是?**

A　人的思考范式是一个系统，所以我要用一个系统的方式来看待这件事情。我观察事物的思维范式，我称它为复杂系统。复杂系统，是从 1984 年开始，在某些重要的比如信息、热力学、社会学、生物学等学科中达成共识的一个思考范式。一个系统如果要有效地生存，持久发展，它必须需要是一个复杂系统。如果用这个复杂范式来思考建筑学、建筑教育、建筑思想，就会发现，如果它不是一个复杂系统，它就会很快衰弱。

复杂系统有几个特点：多样式，多元化，内部竞争，系统本身的扩张性，系统内部的指令要简单，易操作。如果以这个角度去看功能的组织，当一个建筑它的功能不够，边界过于清晰，复杂性不够的时候，它很快就会失去它的生命力。

以这个基准去研究建筑学，会发现，第一要素不是建筑风格，而是去构建一个生机勃勃的复杂系统。

接下来当你想要去建立一个系统时，你必然要思考的是如何建立事物之间的联系。而很多事物之间的联系，并不是你想象的那样，因为关系的建立是有偶然性的，我也偶然地选择了一个关系——对偶。

这种思维方式在外国是不存在的，却和中国已有的审美形式息息相关。当我在设计长生殿这个项目时，上句是实景牡丹亭，下句即是虚境长生殿。上下句的对应，这时设计就开始与众不同起来，而这种思维方式，是别人所没有的。

而所有关系的建立，要建立在一个非常重要的思维方式上，要建立在人的基础上，我们需要正视人的欲望。而现代建筑学最大的问题，是把人的欲望、生活和建筑学给切开了。作为一位上海人，我觉得上海性、生活性恰恰是现代建筑缺乏的东西。要具有这种生活性，我就要做到听得见众生，看得见万物，了解人的欲望，从生活性的角度出发去做设计，你就和多样性结合在了一起，用对偶形成的一个较为集约的面貌，把这种复杂的多样性包容其中，最后用一种比较轻松的姿态呈现出来。这样就把我的复杂系统描述的比较清楚了。

我的每个设计小到十几个平方米，大到几万平方米等，都是用这种复杂系统的思考范式去设计。

Q 从业这些年，有没有对自己创作认知的转变？

A 刚毕业的时候，我就是一个正常工作的普通建筑师。第一次改变是在

1997 年。当时参加上海科技城的竞标，国内只有华东院和上海院参加，其他 4 家都是外资设计单位。当我看到另外 4 个外资设计公司的设计成果时，发现无论是设计、图面、模型、表达都全方位的碾压了我们的设计成果。让我意识到如果不及时提升自己的设计能力，就会彻底平庸下去。之后我学习了这些外资公司的很多设计方法，就获得了很多投标。

第二次转变是在设计水清木华会所这个项目。在做设计的时候，并没有特别充分的思考留下来的那一颗桂花树。而建成后，很多人站在那棵树下，都说感受到了一点中国人的东西。这让我意识到，我自己可能不是一个可以完全西化的人。

九间堂是我人生第一个非常重要的项目，它尝试了用现代建筑去表达传统审美。从此就开始了 12 年的现代中式的道路。但是这其实是以术求道，到了后面，现代中式变成了房地产开发中的一种风格，它的生命力并没有那么长久。然后我就开始尝试新中式，用完全传统的中式元素去营造空间。但是这条路，仍然是在术的层面，离道很远。

2008 年从伦敦回来后，正如上文所说，我开始思考，用思考范式的完全转变来看待设计。从无极书院和长生殿开始，我的设计较以前的设计就有了颠覆性的改变。

所以这场彻底的改

变，孕育是在 2012 年，新生则是 2013 年。这是以道求道。

Q　**在您以往创作经历中，您印象最深的作品是？灵感来源是？**

A　长生殿。我去看了实景的舞台，之后就用了一个彻底虚的手法去营造一个空间。有人也许会诟病它像是一个室内设计，或是一个舞台设计，但是对我来说不重要。因为我发现了建筑学上很多有趣的东西，譬如说临时性、偶然性，如何发现表面形式下面潜在的东西，如何通过对偶去建立建筑关系，如何用复杂系统去形成一个基本的面目，它指出了一个强大的指向性方向，让我以后的设计都能有一个非常完整的思路。因此对我来说是印象最深的作品。

Q　**您身上有很多标签，网红、吃货等，您怎么看待这些？**

A　我觉得给他人贴标签的事情，更多在于贴标签的这个人是怎么想的。贴标签的两种原因，表扬或贬低。面临贬低的标签是，一是他在嫉妒，二是他在极力避免和你风格的相同。

譬如吃货这个标签，我偶尔会做解释。美食家和吃货是两种事情。美食家是有所吃有所不吃，吃前有思考，吃后有总结。吃货就是纵容和不节制的爱吃。

而网红这个标签，对于一些极力想出名的人来说，这是个褒义词。而对于一个和你的能力、成就接近的建筑师来说，一是他希望通过网红来贬低你在这一个阶段形成的广泛的效应。二是他希望通过这个标签来表达态度，表示他对你突然之间的声名鹊起的质疑。但我以为只要这个标签没有涉及对人格的贬低，也无所谓的。

Q **目前，您对自己的作品是否是全过程把控的呢？您是怎么平衡设计费与工作量呢？**

A 每一个作品都必须要全过程把控。相应的，我的设计费的标准也一直是很高的。通常，当你高价购买一样东西时，一是希望通过这些东西来向他人彰显地位或财力等，二是情绪冲动，三则是你认为虽然价格高，但是这件东西真的非常值得。我希望我的每一个作品都能够通过全过程把控而变成精品，最终让业主觉得他们所花费的设计费是非常值得的。

Q **目前，国内对于建筑学要接轨国际，尝试建筑师责任制的推广，不知道您如何看待建筑师责任制？**

A 项目建筑师和创意建筑师所承担的责任混淆一体，导致责任不明确。类比的话，项目建筑师就好比制片，创意建筑师就好比导演，目前的常态类似把制片与导演和二为一。建筑师负责制一定是以一级注册建筑师为基准的。目前的一注建筑师人数不够，那就需要一个认定负责制的准建筑师的准入制度。工作年限、作品等都可以是这个准入制度的考量标准。另外我觉得，未来在设计合同上，应当将创意建筑师与项目建筑师的权责划分明确，最终出图时，也可让创意建筑师与项目建筑师联合签字。

长生殿昆曲舞台

项目名称：长生殿昆曲舞台

项目地点：上海浦东

建成时间：2012 年

建筑面积：380m²

戴志康邀请著名昆曲演员张军先生在会所表演昆曲经典戏目——长生殿。建筑师通过仔细研究会所，决定利用开放的下沉庭院并尽量不改变现状来建设小剧院。他利用中国古代在庭院临时分割空间的屏风这个概念，转换可以展现灯光图像的屏幕来把整个庭院精致地隔离成一个抽象纯粹白色的场所。以最现代的形象表达了中国最古老、最优雅戏曲的气质。

这里的一切，帷幕、保留的树和水池、自由游弋的鱼、可开启的天棚、孔明灯以及香味帮助张军先生完美演绎李隆基这个唐代皇帝波迭起当的华丽爱情悲剧。

最终，这个轻轻触碰在矶崎新所设计的会所中央的设计将一个商业性会所变成文化中心。

正常灯光下的舞台全景

长生殿昆曲表演进行中

蓝紫色的灯光渲染着君王在杨贵妃死后的思念

八分园

项目名称：八分园

项目地点：上海嘉定

建成时间：2017 年

建筑面积：2000 m^2

八分园是一个专门展出工艺美术作品的美术馆，空时可以作为发布会的场地，有咖啡和图书室、办公室、民宿；此外还有餐厅、书房和棋牌室，是一个微型文化综合体。它原本是售楼中心。售楼中心是街角三角形的两层建筑，其中的一栋是嵌在其上的四层圆形大厅，入口在三角形内院。楼的一侧是居委会。另一侧用作沿街商铺。

八分园鸟瞰：屋顶的花园与院落的园林相呼应

一层搪瓷博物馆

业主是上海著名搪瓷厂的最后一任厂长，搪瓷是曾经主宰中国烹饪日常生活最重要的日用品，这些年他收藏了大量的搪瓷，质量和数量惊人，搪瓷可以成为这个微型文化综合体的文眼。随着八分园的建造，厂长的孩子从米兰留学回来，创办了一个时尚的搪瓷品牌并入驻八分园，这才是技术和家庭传统的新生。因为内院园子占地一亩不到，约四百平方米，恰好八分地而得名八分园，再者这八分也可以提醒做事做人八分不可太满。

四层民宿的景观及客厅

八分园园林鸟瞰

建筑师用对偶展开空间关系。园子是外，形式感复杂，建筑是内，呈现朴素。但与以往的朴素又有些不同，美术馆要朴素有力，而边上的书房和餐厅要温暖柔软，三楼的联合办公室就要接近简陋，而四楼的民宿则回到克制的优雅，还要呈现出某些可以容易解读的精神性，在屋顶通过营建菜园向古老的文人园林致敬。四层的民宿是隐藏在整个八分园的惊喜和高潮。每间民宿都有一个空中的院子，公共区域有一个四水归堂的天井。每个院子都是当代的中式庭院，取材于仇英的绘画而加以提炼，是一次关于垂直城市的实践，试图打造一个真正意义的空中别墅。

Wutopia Lab
非作建筑设计（上海）有限公司

非作建筑由主持建筑师俞挺创立于上海，以复杂系统这种新的思维范式为基础，以上海性和生活性为介入设计的原点，以建筑为工具，从而推动建筑学和社会学进步的建筑实践实验工作室。

在公司的设计理念中重视对人的研究，以传统的、日常的，以及文化的方面致力于连接城市生活中的不同方面。致力于诠释城市人的生活方式，并发展出基于上海的中国式审美。面对每一个项目，设计风格均希望呈现出创新的建筑策略、思维及形式。

同时，还致力于全面设计，不仅能够完成建筑的概念和深化设计，还具有前期的策划分析能力、景观和室内的设计能力，具有协调各工种和协作单位的能力，以及现场执行建造的能力。

哈佛大学建筑学硕士，深圳大学建筑学学士。2004 年在上海创办山水秀建筑事务所。2012 年起在上海同济大学担任客座教授。他曾在香港大学建筑学院，深圳大学建筑学院波士顿建筑中心担任客座教席。并受邀在同济大学、南京大学、香港大学建筑学院上海学习中心、中央美术学院、哈尔滨工业大学、西交利物浦大学、上海交通大学、深圳大学等高等学校的建筑学院发表演讲。

祝晓峰在 2008 年获得 Perspective 亚洲 40 位 40 岁以下新锐设计师奖，2012 年获中国建筑传媒奖青年建筑师入围奖。

山水秀的作品获得了 2011 年 UED 中国博物馆建筑设计优胜奖，2012 年 WA 中国建筑奖，2014 年远东建筑奖、Architizer A+ 建筑奖评委会奖、WA 中国建筑奖技术进步佳作奖，2016 年 WA 中国建筑奖设计实验入围奖，上海市建筑学会第七届建筑创作奖优秀奖。

Q　**您在深圳大学攻读了本科，又在哈佛大学深造硕士，能不能结合两所大学的求学经历和两座城市的生活体验来谈谈它们对您后期的建筑创作思路造成的影响？有哪些记忆比较深刻？**

A　我小的时候喜欢山水画和素描，虽然父母都从事电力系统的自动控制研究，但我的外公和爷爷都和文艺有着密切的关联，因此，我的父母一方面理解并支持我学习绘画，另一方面觉得数理化对人的逻辑思维和智力培养很重要，而且我的数学物理成绩也不错，于是在高考填志愿时他们就引导我报考既可以运用数理化知识、又可以画画的建筑学。

我在深大一共学习和工作了八年，那时候的深圳还处在特区的初创阶段，到处都是工地。1983 年成立的建筑系以一批来自老八校的老师作班底，深大建筑系是一个年轻的系，教师队伍相对年轻化，没有老八校那样深厚的底蕴，但教学和实践的结合比较紧密，另外在专业资讯方面比较发达。当时网络还不普及，深大建筑系的资料室号称是全国所有建筑系订阅国内外杂志最多的，尤其是国外的期刊，只要学生愿意去看，就会接触到许多国外的专业资讯。深大在当时是一个很开放的学校，和中国香港、新加坡的交流也比较多，所以我是在深大开放活泼的环境里接受了建筑学的基础教育。

1995 年底，库哈斯 Koolhaas 带着他的哈佛团队到在珠三角考察，研究忙乱但生机勃勃的发展状态，后来出版的《大跃进》就始于这次考察。我本科毕业后在深大建筑设计院工作，跟着院长助理马清运给他们做导游。我当时有出国的意愿，在与库哈斯接触后，他发现我刚毕业就建成了自己的毕业设计（深圳大学学生活动中心），于是就提出可以给我写推荐信。老库的推荐信和建成作品是促使我能去哈佛大学的重要因素。我后来回想过，如果当初投考东南或者同济，或许我会打下更好的专业基础，但也可能错失这次留学的机会。人生的戏剧性或许正在于此吧。

波士顿在美国是个很有历史、很稳定的老城市，不像深圳这样充满变数。GSD 是以现代主义传统为根基的学院。在我求学期间，莫内欧（Moneo）、库哈斯（Koolhaas）、赫尔佐格和德梅隆（Herzog & De Meroun）、卒姆托（Peter Zumthor）都在哈佛教书。除了设计课之外，最大的收获是相对系统地学习了西方的现当代建筑理论和历史。教授现代建筑史的是迈克尔·海斯（Michael Hays），他还有一门理论入门课《*An Introduction to Architectural Theory: 1968 to the Present*》，使我大概了解了现代建筑的历史和发展，在 GSD 的学习让我对将来有了清醒的定位，包括未来能做什么和不能做什么。

Q　**在多元的创作环境中，您坚持的设计理念是什么？**

A　设计理念的养成需要时间，建筑师在青年、中年和老年也会经历潜移默化的改变。有些建筑师会有意识地改变自己，也有些建筑师总是试图以不变应万变。比如西扎（Siza）在年轻时就有惊人的成熟度，包括对场地的关注和对建筑语言的驾驭能力。在他数十年的职业生涯里，这种品质一直没有变，他的作品都是这种不变的品质和不同场地结合的结果。筱原一男则相反，他主动地改变自己，甚至可以清晰地把他的创作分成四个阶段。有形式标签化的建筑师，比如扎哈（Zaha）、盖里（Frank Gehry）和伊东丰雄（Toyo Ito）这样不断追寻新秩序的建筑师，以及像库哈斯这样力图将社会生产注入建筑学的人。对于后两者，他们的每次创作都非常辛苦，因为每次都是新的开始，而这正是我所钦佩的，我想我也会走在这样的道路上。这段时间，我构思的出发点来自场地、社会或者自然。当出发点确定后，我会运用建筑本体，例如结构、空间、材料等来回应出发点。我相信这样的作品才具有新的灵魂。我在 2004 年开办山水秀建筑事务所，直到四五年前才逐渐萌发了这样的想法。目前看来，我会乐此不疲地走下去。

Q　**山水秀事务所已经有了一定的专业知名度和影响力，请问当初为什么会选择“山水秀”这样一个诗意的名字？**

A　　其实当初并没有想太多。我年轻的时候比较喜欢山水画，所以就想让公司有山水的名字。但当发现山水两个字已经被注册了，所以要在两三天内想出另外一个名字，就有了山水秀。其实秀在我看来是 show，一个比较轻松的词语，一种呈现山水意境的方式。我们的事务所会把山水的意境在建筑中造出来给大家看，所以就用了这个名字。后来发现名字并不重要，重要的是成长和坚持。

Q　您觉得在中国大地上比较打动您的作品和建筑师有哪些？

A　　最近这些年有很多新的建筑师出来，他们做了很多的好作品，范围也很广。对我来说，前辈里有冯纪忠先生和他的方塔园，不光是何陋轩，整个园子都是很好的作品。另外还有葛如亮先生的习习山庄和台湾东海大学的陈其宽先生。和我同辈，比如，上海的柳亦春，他的龙美术馆会是中国建筑史上的重要作品之一。还有华黎、朱竞翔、庄慎、张轲、董功、陈屹峰等都有很好的作品。

Q　**中国的建设高潮已经慢下来，在您看来，这对建筑界是不是一件好事？毕竟大家有时间停下来思考总结了。**

A　大家都在这么说，其实这也需要看个人是怎么思考的。也许有人忙惯了，不容易安静下来，要想一下以什么方式慢下来。

Q　**有人说日本在经济高潮时没有出现建筑大师，反而是在 20 年经济下滑时有了很多大师。**

A　我并不这么看，其实日本经济飞速增长的时候也出现了好几位建筑大师。比如菊竹清训、丹下健三，只不过他们的项目是类似英雄主义的作品，因为日本当时有一种文化焦虑，他们急于建立文化自信，这样可以与西方建筑文化分庭抗礼。到了 20 世纪 80 年代的后现代时期，矶崎新、黑川纪章、桢文彦等建筑师也在不断涌现。等到经济放缓之后，宏大叙事的项目减少，以前被压抑的流派，比如将日常住宅视为伟业的筱原一男一脉才得以发展，并在今天开花结果，涌现出一大批青年才俊，而日本的小型土地多为私有，客观上给年轻建筑师提供了许多从日常生活出发的创作机会。受到法兰克福学派的影响，我始终认为经济政治会控制建筑创作的大环境。但不可否认的是，建筑师可以依靠自己的技术和才智，在不同的条件下创作出超越时代的建筑。

Q　**根据您的预判，未来的十年内中国能出现世界级的建筑大师吗？**

A　我觉得会有的。比如王澍，已经拿了普利兹克奖；另外，刘家琨的金砖博物馆也非常打动我。建筑大师不是自封的，是靠一个个项目做出来的。相比而言，我觉得树立以人为本的建筑观和提高建筑工艺水准更为重要。有观点认为既然中国的施工队不能精确施工，就应该使用低技术或粗野主义的手

法。对此我个人并不赞同，中国这么大，有北上广深这些大都市，而且条件也在不断变化，需要有一些项目去促进建筑工艺的发展，而不是一味迁就。这两条路都需要有人去走。

Q 您会到现场全程把控设计作品的施工吗？业主会多给驻场建筑师的设计费用吗？

A 是的，我们在这方面管的比较严。这两三年来几乎每个项目都会派出驻场建筑师对项目的质量和完成度进行管控。有些业主会多给一些驻场费，但我们无法通过这个来赚钱。

Q 您的创作思路是如何产生从而转变为建筑语言的？

A 2008 年设计、2010 年建成的朱家角人文艺术馆，这座古镇里的美术馆是一个房子与院子交替构成的聚落化建筑，它和自然环境相互延伸的关系引发了后来华鑫中心的设计，成为一种在水平方向上游走于自然之中的原型。最近完成的阁楼书屋又在水平之外增加了垂直的向度，用一部楼梯连接了一群空间相互流动的平台；这个 350 平方米的小项目又启发了后来的浦东青少年活动中心和群众艺术馆，一个 8 万平方米的大型文化设施，十余块巨大的平板纵横交错，上面容纳了各种活动设施，底层则还给城市和自然。从这些项目身上，可以看到一条清晰的脉络。

另外一条线索是基于空间划分的，2009 年设计的东来书店运用了墙体语言来划分和引导从公共到私密的空间层次，2015 年我们完成了华师大附属双语幼儿园，在蜂巢状的六边形几何系统中，运用墙语言将一系列内部空间和外部庭院组织成一个供小朋友活动的聚落，最近在苏州完成的东原千浔社区中心，用交叠剪力墙体系实现了建筑对空间开放和封闭的双重需求。与传统的空间体验相比，我们一直试图结合人、社会和场地的具体需求，探索新的建筑秩序。

Q　回顾这十几年走过的路，您的创作理念是否有巨大的波动？

A　当我刚从深圳大学毕业的时候，一心只想做个好建筑。后来在哈佛留学，观照彼得・卒姆托（Peter Zumthor）和赫尔佐格（Herzog）的作品和言说，我强烈地怀念自己的文化，所以我就想回来用现代的建构语言去表现传统的文化，我觉得这是中国建筑需要补的一课。四年前思路就更加明朗了，我用结构、空间、材料、体验这些建筑本体去回应具体的社会问题和自然问题。每个项目都会尝试新的秩序，这使我们的工作变得非常有趣，从这个意义上讲，我感觉自己的生命没有浪费。回想这些经历，当中并没有突变或者反向，而是从朦胧到清晰的过程。

Q　您是 72 年出生的，还是非常年轻，想问下您一直追求的梦想是什么？

A　我已经 45 了。梦想的话，其实我想通过建筑把我理解的文化呈现出来并传承下去。这个文化不单单是中国文化或者狭隘的江南文化，而是把以往经历中受到的传统文化的熏陶、现代建筑的教育以及当代和未来给我的启示，通过实践的方式储存在建筑里。这样一种传承是我想做的事。即便有天我不在了，但我们设计的空间中蕴含的精神还在，不会因为我的离去而消散，现在的年轻人和将来的年轻人也能够体验到，建筑与自然、社会可以有怎样平衡而积极的关联。

东原千浔社区中心

项目名称：东原千浔社区中心

项目地点：苏州市相城区

项目功能：社区公建（社区事务受理中心、无界美术馆、咖啡厅、健身中心、休息厅、亲子教育、社区阅览、便利店

建筑规模（面积）：2238.2 平方米（地上）1089.40 平方米（地下）

设计 / 建成时间：2016.7 / 2017.6

项 目 团 队：祝晓峰（设计总监） 庄鑫嘉（项目经理） 石圻（高级设计师） 盛泰（驻场设计师） 杜士刚 李成 付蓉 罗琪 肖载源 尚云鹏

业　　主：东原地产

建 筑 设 计：山水秀建筑设计事务所

合作设计院：苏州建筑设计研究院股份有限公司

结构方案设计：张准

东南角走道摄影 © 苏圣亮

东原千浔社区位于苏州市相城区，北面是黄桥镇，东西两面是其他住宅用地，南面一路之隔是虎丘湿地公园。社区中心位于整个用地的东南角，与两条城市道路相邻。

与大多数新城开发区里的住宅一样，千浔社区仍然是一个闭合性的商品房小区。中国目前的住宅开发模式是过去 30 年的累积，与社会经济阶层的形成息息相关。“鼓励开放式小区”的新政导向很难在短时间内颠覆这一模式，在相对空旷的新城，基于当下社会环境里的身份认同和安全需求，完全开放的社区就更难实现。在这种条件下，把“社区中心”这样一个“配套公建”放在地块的角落是一种必然。对于这样一个推导出来的被动选择，建筑师并不满足，而是希望探索：能否依靠建筑本体的力量来回应并改变这个消极的逻辑？

苏州是以庭院生活为载体的江南文化荟萃之地；场地本身南侧的湿地公园里又有一条东西向的河流，沿河的芦苇和树丛为这一带的旷野带来了流动的自然气息，这两个来自人文和自然的条件构成了建筑的外在环境。做为一个小区边缘的社区中心，这座建筑需要给周边社区（包括自己的小区）提供各种公共服务，包括社区事务、聚会交流、艺术展览、亲子活动、体育健身、便利商业等，这些公共活动构成了建筑的内

东侧入口处立面 © 东原设计

在需求。我们希望寻找一种特定的空间秩序，把建筑的内在需求和外在环境融合起来，成为二者的共同载体，从而营造一个兼容社会性和自然性、兼具凝聚力和开放性的社区活动场所。

结构系统和空间秩序的相互推演是山水秀事务所近期的主要工作方法之一。在进行了多种构思的尝试之后，我们决定用上下交错叠放的剪力墙来生成空间，我们的结构顾问称之为“叠墙深梁”体系。整层的结构墙通过上下交叠，在满足结构对垂直荷载和水平刚度需求的同时，形成了一种特殊的空间秩序：墙体是围合性的，可以划分出不同的空间，空洞则是开放的，可以连通不同的空间——我们希望这种秩序的双重潜力能够让这座社区中心实现凝聚和开放的共存。

根据社区中心各项功能的需求，使用空间的基本宽度模数在 7 米左右。最终，我们采用了 7.2 米的跨度模数，将东西长约 60 米，南北宽约 43 米的两层建筑纳入了六根 7.2 米宽的条状结构中，再根据内外空间和动线需要，运用交叠墙语言沿着这些条状结构组织并生成了整座建筑的内外空间。

二层的竖向结构主要由南北向的山墙构成，这些山墙自由分布在条状结构上，自

走廊与水院摄影 © 苏圣亮

然成了屋顶设计的出发点。通过比选，我们采用了下凹的混凝土筒壳做为建筑的覆盖。160 毫米厚的筒壳结构在短方向上的跨度均为 7.2 米，在长方向上则依靠 1.3 米的筒壳矢高，实现 12 ～ 25 米不等的跨度。筒壳下的空间体验仿佛置身于波浪之下，以屋脊为中心，有置身传统双坡屋型内的安定感；以筒底为中心，又有空间向外侧溢出的感受——连续的筒壳在内部造就了两种体验的融合，在外部则以波浪状的山墙形式出现，表达了与水及江南传统建筑风貌的关联。

我们在建筑靠西的位置设计了一条南北向的主要步行通道，小区居民走出围墙后，将使用这条步道穿过社区中心，前往南侧的巴士站或湿地公园。建筑的东南角提供了另外一条步行通道，连接东侧的小型商业庭院，并向西穿过水景庭院与主通道相连。沿着主通道，我们在靠近城市道路的西南角设置了一家进出行人都会经过的便利店，在靠近小区的北端设置了亲子游戏室，主通道在建筑中部扩大，成为一个半室外的社区广场，向西面对草坪庭院，向东则可以进入社区中心的多功能大堂，这里可以举办艺术展览和各种社区活动，也是通往其他内部空间的枢纽：通过下沉庭院采光的地下室是一座健身中心，与小区地下室连通；一层提供了社区事务管理、小型商业和居民的交流空间；二层是社区图书馆和工作室，在朝南的咖啡厅可以享受湿地公园的景观。

在这个空间结构里，交替出现的实墙和洞口让建筑与自然在相互的界定中融会贯通，形成了一个可以相互渗透的庭院聚落。各种社区活动和步行动线通过庭院的划分各得其所，也通过庭院之间的空间流动被联系在了一起。

建筑的构造设计也紧紧围绕这个体系来进行。交叠墙采用了钢筋混凝土现浇结构＋内保温的方法，让有固定垂直间隙的碳化木模板有机会给外露的混凝土山墙带来垂直方向的粗糙质感；现浇筒壳的下部通过弯曲的黑色光滑木模板，保证了底板的抽象呈现，上部的屋面则使用了铁灰色的铝镁锰板，柔软的材料特性使之能够充分贴合筒壳结构的曲面。下凹屋面的雨水则通过波谷处的天沟收集，而后通过沿墙水管或自由落水的方式排出。所有的构造均服从于建筑的整体秩序，而建筑的整体秩序也有赖于所有的细节才得以最终成立。

建构与空间是建筑师最可信赖的建筑本体。在回应来自自然、社会和人之需求的过程中，我们希望运用建筑本体的力量探索新的建筑秩序。我们期待在营造社区公共生活空间的同时，为整个场所带来光阴的流转。

一层走道和庭院摄影 © 苏圣亮

连续屋顶下的二层走道

展览大厅

上海谷歌开发者社区创业孵化器

项目名称：上海谷歌开发者社区创业孵化器（华鑫展示中心）

项目地点：上海市徐汇区 桂林路宜山路

项目功能：展览＋茶室

建筑面积：730 平方米

建筑结构：钢骨混凝土剪力墙、钢桁架结构

材料：镜面不锈钢、扭拉铝条、透明及丝网印刷玻璃、实面及穿孔铝板、豆石、水

设计 / 建成时间：2012 / 2013

业主：华鑫置业

摄影：苏圣亮

水庭

西北向外观

华鑫办公集群位于桂林路西，其入口南侧是一块绿地。这块绿地面向城市干道的开放属性，以及其中的六棵大香樟，成了设计的出发点，并由此确立了展示中心的两个基本策略:（1）建筑主体抬高至二层，最大化开放地面的绿化空间。（2）保留六株大树的同时，在建筑与树之间建立亲密的互动关系。

穿行于这些半透墙体内外，小屋、小院、小桥以及它们所接引的不同风景，将在漫步的路径上交替出现。大树的枝叶在建筑内外自由穿越，成为触手可及的亲密伙伴。

沿着中庭内的折梯抵达二层，会进入一种崭新的空间秩序。四个悬浮体的悬挑结构由钢桁架实现，它们在水平方向上以 Y 或 L 形的姿态在大树之间自由伸展。由波纹扭拉铝条构成的半透“粉墙”，以若隐若现的方式呈现了桁架的结构，并成为一系列室内外空间的容器和间隔。

茶室

北向外观

通往水院的桥

在这里，建筑的结构、材质和大树的枝干、树叶交织在一起，一起营造出一个个纯净的室内外空间。这些空间（屋和院）在时间（路径）的组织下，共同实现了时空交汇的环境体验。这是一件由建筑和自然合作完成的作品。

如果人以积极的方式善待自然，也会得到自然善意的回馈。21 世纪的建筑不仅要回应人的需求，更要积极担当人与环境之间的媒介。未来建筑的根本目的，是帮助人与自然、社会建立平衡而又充满生机的关联。

砂院

朱家角人文艺术馆

项目名称：朱家角人文艺术馆

项目地点：上海 朱家角古镇

基地面积：1448 平方米

建筑面积：1818 平方米

建筑功能：美术馆

设计 / 建成：2008 ~ 2010 年

建筑师：祝晓峰 / 山水秀建筑事务所

设计小组：李启同、许磊、董之平、张昊

结构与机电设计：上海现代华盖建筑设计有限公司

业主：上海淀山湖新城发展有限公司

摄影：Iwan Baan

茶室

北向外观

中庭

水庭

作为上海保存最完整的水乡古镇，朱家角以传统的江南风貌吸引着日益增加的来访者。人文艺术馆位于古镇入口处，东邻两棵 470 年树龄的古银杏。这座 1800 平方米的小型艺术馆将定期展出与朱家角人文历史有关的绘画作品。

在空间组织中，位于建筑中心的室内中庭是动线的核心。在首层，环绕式的集中展厅从中庭引入自然光；在二层，展室分散在几间小屋中，借由中庭外圈的环廊联系在一起，展厅之间则形成了气氛各异的庭院，收纳着周围的风景，为多样化的活动提供了场所。

这种室内外配对的院落空间参照了古镇的空间肌理，使参观者游走于艺术作品和古镇的真实风景之间，体会物心相映的情境。在二楼东侧的小院，一泓清水映照出老银杏的倒影，完成了一次借景式的收藏。

美周弄夜景

山水秀建筑事务所

山水秀建筑事务所 2004 年创办于中国上海，一直致力于用建筑本体语言来回应每一个项目中人、自然和社会的需求，通过新的建筑秩序在三者之间建立平衡而又充满生机的关联。

山水秀的建筑作品受到国内外媒体的广泛关注，近年来参加的主要展览有：2016 年哈佛 GSD60 位当代中国建筑师展览，2016 年柏林 Aedes 再兴土木建筑展，2013\2015 年“上海西岸双年展”、维也纳“当代东亚建筑与空间实践展”，2012 年米兰三年展、“中国设计大展”、2011 年成都双年展、中国香港“建筑城市双年展”、2010\2014 年威尼斯建筑双年展、2009 年北京“不自然”展、2008 ~ 2010 年东京“欧亚建筑新潮流”展、2008 年伦敦维多利亚 / 阿尔波特博物馆（V&A）创意中国展 、法国建筑与文化遗产博物馆中国当代建筑展、比利时建筑文化研究中心（CIVA）建筑乌托邦展、2007 和 2009 年深圳双年展，2006 年荷兰建筑学研究院（NAI）中国当代建筑展等近期作品包括：上海万科艺术中心、格楼书屋、华东师大附属双语幼儿园、华鑫展示中心、朱家角人文艺术馆、东来书店、连岛大沙湾海滨浴场、胜利街居委会和老年人日托站、金陶村活动室、青松外苑、万科假日风景社区中心、晨兴广场写字楼、新虹桥快捷假日酒店等。

山水秀的作品获得了 2011 年 UED 中国博物馆建筑设计优胜奖、2012 年 WA 中国建筑奖、2014 年远东建筑奖、Architizer A+ 建筑奖评委会奖、WA 中国建筑奖技术进步佳作奖、2016 年 WA 中国建筑奖设计实验入围奖、上海市建筑学会第七届建筑创作奖优秀奖。

迹·建筑事务所（TAO）创始人、主创建筑师

华黎的建筑观强调场所的本质意义以及建造的人文意义，其设计作品被国内外专业建筑媒体多次报道，参与多项国内外建筑展并赢得多个奖项，2012 年华黎获得了第三届中国建筑传媒奖青年建筑师奖。华黎曾受邀在马来西亚、泰国、澳大利亚、中国台湾、印度、意大利的国际建筑会议中演讲，以及中央美院、香港大学、清华大学、苏黎世联邦理工、斯图加特大学等国内外多所大学的建筑学院演讲。华黎在清华大学建筑学院担任客座教授，还在中央美院、中国香港大学担任过课程设计评委。

Q　清华硕士毕业后您又去耶鲁读了硕士，整个求学过程有什么特殊的事件触动过您？

A　我想主要是在不同的文化环境和学校的教育，以及理解建筑和思考建筑的方式中有很多触动。美国的建筑教育还是相对比较注重概念的，强调概念和思考的内在逻辑性对设计的影响。往往需要从建筑设计跨越到另一个领域中进行尝试，比如哲学等。现在看来，这种思考方式在设计里的确是很重要的。

Q　从耶鲁毕业后您在国外事务所中工作了一段时间，那段经历对您影响大吗？

A　还是有很大影响的，国外事务所的实践经历让我获得了很多基础性的建造经验。因为在学校做设计往往还是停留在抽象的概念层面，对项目的现实因素考虑不是那么多。我觉得建筑实践建立在非常物质性的基础上，比如构造、材料、建造节点等，这些都是建筑的重要内核。

Q　2008 年以后您创办了自己的事务所，这个事务所的取名有什么含义？

A　我的事务所名字叫迹· 建筑，这个名字体现了我对建筑的理解。“迹”想强调的是过程当中的意义。事务所的作品比较关注建筑在整个创造和建造过程中与环境、社会的对话，而不仅仅关注建筑本身作为一个形式的结果。所以“迹”更多地体现了这层含义：专注建筑在过程中与它所处的环境所发生的关联。

Q　我记得您说过一句话：建筑形式在建筑产生的时候，就已经死亡了。能否谈谈您对这句话的解读？

A　建筑形式本身有它的意义，但是当建筑被创造以后，更多的是生活在这个建筑里的人与这个建筑产生的交流。交流不仅和形式有关，还和建筑的场所意义、发生在这里

面的故事有关。一个建筑最初被设计的时候，是出于某一种意图，尝试通过一种方式进行某种表达。但是在建筑整个生命周期里面，它会不断地发生转换。比如说功能会变化，住在里面的人也变化，生活方式也会随时代改变，但建筑还是那个建筑。我觉得这种过程其实更有意味，就像我们看到很多历史留传下来的建筑，在形式之外还包含了不同时期的记忆。

Q　我记得有人评价说：现在这个社会很浮躁，但您却可以静下心来在山里面呆很长时间。能谈谈您的这些经历吗？

A　我并没有在山里待很久，他可能是说我前几年做的一些偏远地区和乡村的项目。这种建筑实践和在城市里的建筑实践确实是有差别的，你需要在现场花很多时间去了解当地的条件和传统，让建筑更多的与环境产生更多的对话。这就需要你对当地有非常深入的了解和体验，然后将这种理解进行转译，融入设计中。

Q　现在有个现象就是专门把国外的一些建筑风格搬回来，像一些欧洲小镇之类的，好像就失去了建筑和地域性的关联。

A　我觉得这个现象其实跟当代的消费主义有关，建筑更多地变成一种消费的对象，物化的消费景观。这种景观很容易被识别、被消费。当你把建筑理解成这样一个符号化的图像的时候，对建筑的理解实际上是被扁平化了。这个情况其实是一个目前相当普遍的社会现象，作为建筑师我是持批判态度的，但是似乎也很难改变这种状况。对开发商来说，你如果想做一些建筑学层面更原创的设计，不一定能被大众所识别和消费。开发商他不愿意去承担这种风险，但是他可能会在整个项目里选择小型公建去做一些尝试，那也是一种策略。所以说这个现象还

是和整个消费主义的社会环境相关的。

Q **在当前多元的创作环境中，您追求的设计理念是什么？又是如何融入您的作品当中的？**

A 我把建筑理解为一个场所。场所是一个非常综合的概念，是建筑能够带给人的一种体验，它不是我们传统所谓功能的概念。先从场地来说，我相信每一块场地都有它的场所精神，建筑师首先应该去体会这个场地本身的特质，场所包含了很多信息：地理、地质、人文历史、气候等。建筑本身作为形式是一种完全自治或者独立的概念，比如空间、材料、建造……这些最基本的建筑要素，场所和形式二者之间也是相互作用的关系。所以在这些因素的综合作用下，建筑形成了一种体验性的结果，也就是设计当中我会关注的场所意义。在设计里面，不管是空间、材料、对光的处理以及对地形的回应等，实际上都是围绕这个场所精神来考虑的。

两年前我出版过一本书，名字叫做起点与重力。这两个概念基本上体现了我对建筑的观念和理解。起点其实就是建筑想要创造的场所精神，是设计的一个出发点。然后重力是具体做这个建筑的时候，你要面对的现实因素和条件，而这些问题可能会和你开始的出发点相矛盾。那么，最后怎么能够不偏离你最开始的目标呢，那就是建筑师要去克服的。我自己的体会就是建筑的整个创造过程，实际上是充满了矛盾的。建筑永远都不是一个单一的逻辑，很快就能达成一个结果。你创造的过程就是不断地去消化这些矛盾，保持你的初衷。

Q **一般来说，建筑师从 45 岁开始就进入了一个旺盛的创作期，对您来说现在正好进入到黄金时期，您对未来的十年有什么规划和期待？**

A 很难说有一个特别明确的目标，我觉得建筑师自我发展的过程是个不断进化的过程，你的作品实际上也是你个人成长轨迹的映射。建筑如其人，当你达到一个阶段，你的作品也就到达相应的状态。所以我希望未来还是能够保持一种非常专注的状态，可以沉浸在建筑创造本身的过程中，能够享受这个过程。我觉得这也是建筑师最理想的、所期待的一个状态。

林建筑

项目基本信息

项目名称：林建筑

业主：北京美景天成投资有限责任公司

项目地点：北京大运河森林公园

项目功能：接待，餐饮，会议，酒吧，办公

设计单位：迹·建筑事务所（TAO）

主持人：华黎

设计团队：华黎、赵刚、姜楠、赖尔逊、陈恺、Alienor Zaffalon、张芝明、Elisabet Aguilar Palau、张雅楠、白婷

结构工程师：马志刚

机电工程师：吕建军

建筑面积：4000 平方米（一期）1830 平方米

结构体系：木结构

设计时间：2011 ~ 2013 年

施工时间：2012 ~ 2014 年

摄影：夏至、苏圣亮

2011年，一位认识多年的朋友找到我，说想在运河边的树林里建一个房子，那里环境很好，但是功能不太确定，也许可以是餐厅、咖啡馆、酒吧，也可以是展览、会议的地方，朋友还憧憬了很多其他的也许。

我一直认为建筑作为场所来说空间与人在其中的生活之关系及其重要，空间的尺度、形态、光线、氛围之营造等无一不与其中的事件相关。如果事件无法定义，空间似乎也无从开始思考。所以遇到这样模糊的设计要求我很犹豫是否做。然而在当下这种建筑的不确定性可谓非常普遍，经常出现不明确功能就开始设计或设计过程中甚至建成后功能被改变的情况。这当然很大程度是市场、资本、政策、土地使用权属等外部条件的善变所致。

意大利的 Archizoom 在 20 世纪 60 年代末敏锐地提出，城市做为资本主导下的生产与消费体系之机制的产物，大都市已不再是场所（place），而变成一种条件（condition）。[1] 他们因而提出一种大胆的城市图解——No-Stop City，在这个提案里，城市成为一种同质化的网格体系，具有连续平面，可无限蔓延、及局部微气候等特征。Archizoom 借此宣称城市将成为一个被程序化的、各向同性、无边界的系统，而所有类型的功能可以在这样一个同质化的领域中（field）随机实现。[2] 城市由此变成了一个无等级、无形的、装备精良的停车场。仔细观察 Archizoom 这个看似疯狂的带有乌托邦设想的平面，虽然看似这种不确定主义完全消解了我们对建筑作为形式存在的传统认知，但不得不承认 Archizoom 对资本作用下城市空间形成机制有着深刻的认识与批判性。

想想当下的中国，作为消费对

象的建筑之状况与 Archizoom 观察之城市有着惊人的相似性。建筑短寿、易变、投机、引起欲望又很快被厌倦。而这一切无不是建筑追求诗性想成为纪念物的阻碍。面对这种无处不在的状况，建筑是否存在一种策略可以去应对这种使用的不确定性？是否可以有一种均质、蔓延、无等级的 No-Stop Architecture 去容纳这些易变的需求？

带着这样的思考，我接受了这个项目。

一般来说，如果任务书不能带来明确的启示，我会从场地中去寻找设计的触发点。

基地位于运河边的一个公园里，场地拥有河的景观，以及一片树林。除此以外也没有其他的了。场地中的树给我一个启发，坐在树下看风景是一种美妙的感受，树具有天然的空间的遮蔽感，由此想能否创造一个类似于树下空间的感觉，由一些树形结构来支撑。树的枝干将相互连成一种结构形式并在其遮蔽之下形成空间。

树，作为空间原型的灵感，同时隐含了“单元”的概念。一棵树作为基本单元，可以被复制，而成为林。这一状况就暗含了一种基于网格的均质空间的可能性。树林不正是这样一种空间状态吗？想象一下在树林中也可以发生很多不同的人的活动，散布、休憩、野炊等等。因此脑子里开始浮现出建筑内部就如在树林的空间里就餐、聊天、聚会的场景，当光线从上面洒下来还可以创造很动人的气氛。

树林还具有这样的特征：边界自由、可无限延伸，因此建筑如果是这样的空间体系，可以很好地适应场地，例如自由的边界可以很好地结合地形、避让要保留的树木。而可延伸则意味着平面的灵活性，可以在任意处截断，因此很适合分期建设，而每一期建设的平面自身都具有完整性——因为边界是自由的。由此形成的平面是一个没有等级差异的一片域（Field），而非一个形状。就如你不太会记得树林的形状，只记得树林里的氛围。

而基于树状结构单元的体系从建造上恰好可以采用预制装配式的建造方式，以适应在公园里建造的条件，缩短工期，减少对环境的影响。

基于上述，设计开始自然浮现。首先发展的是以柱子为中心并伸出四条悬臂梁的树一般的基本结构单元，然后是确定格网的尺度，这与想营造的空间高度具有一定的比例关系。梁柱单元在格网基础上重复组合形成整体的空间结构。柱网非常规则，就如停车场，但我们让梁的轴线加了些曲折以获得些变化，柱子的高度有三种，正如自然界的树是一类，但每一棵又不尽相同，这样整体的空间就产生了起伏，而屋顶也成为一个生动有趣的人造景观。自然真是给予我们的想象无尽的养分。应该说，这样一种基于单元同构而又允许适当变化的生成方法很好地实现了控制与自由的关系，即可标准化生产，又能制造丰富性。这类似于伍重基于对植物的观察发展出 Additive architecture 的方法，也类似阿尔托提出的灵活标准化（Flexible standardization）。[3]

这样一个出发点，让我们自然而然地选择了木结构——树林的氛围、轻质、加工安装快等特性都符合设计意图。之后，我们让整个木结构的建筑坐落在一个飘浮的混凝土平台上，这样一方面有利于木结构防潮，另一方面，将机电设备系统及检修空间布置于平台之下，使

屋顶解放出来不用再做吊顶，还原为纯粹的结构和空间。结构单元形成漏斗状的屋面单元，雨水汇聚后从隐藏在柱子中心的雨水管流到平台下面。

建筑外部为了强调树性结构的形式，有意识地将结构呈现在立面上，因为木材本身是隔热材料，技术上恰好可以这样做，建筑的围护墙体则有意采用不同的材料以凸显结构。围护结构以玻璃幕墙为主，以便外部的风景最大化地进入内部。局部的实墙体我们就地取材采用现场基础施工挖出来的土做成了夯土墙。作为主体材料的木材和夯土，一方面它们的自然质感呼应了场地中的泥土与树木。这些材料可以自然呼吸，有效调节室内外的相对湿度温度。另一方面，由于木和土都是理想的保温隔热材料，无须再单独做保温，结构和墙体都是单纯的实体构造而且内外一致，因此建筑从外部和内部均使得结构和墙体的构造关系得以清晰呈现。

室内的形式逻辑是夹层、房间等空间元素均采用其他材料（钢板、夹纸玻璃等）与木结构在视觉上脱离，形成或悬浮或散落于木结构所营造的树林空间之中的意象。

地面的碎拼石板意在加强空间的无方向性，深灰色调则加强木结构从地面的上升感。屋面的木瓦外露表面完全不做防腐处理，经过自然风化后色彩将变灰以期更融入环境。室内的照明主要由两种灯光构成，悬吊于 3 米高度的灯罩满足地面照度的同时，在夜晚的高空间中又形成了一个低空间尺度，以保证人在坐下来时候的尺度亲密感。

在柱子和梁交接处的洗顶灯则完成了对顶部结构空间的描绘，使得在晚间屋顶的空间形式可以被感受到。

在完成的建筑中游走，空间本身不具有明显的方向性。视线总因循于外面的风景，正如在树林中漫步。家具与陈设布置的变化赋予空间完全不同的使用方式，容纳不同的活动——展览、酒会、婚礼等。在这个建筑里，场所的特质因此不依赖于某种特定的使用方式而更多依附于建筑本身——空间与结构的形式、材料、光线，以及它们与场地共同作用所形成的氛围。

注释和参考文献：

[1] “The metropolis ceases to be a ‘place’, to become a ‘condition’.” Martin van Schaik, Otakar Máčel. Exit Utopia: Architectural Provocations, 1956-76. Delft: IHAAU-TU Delft, 2005: 158.

[2] “The city no longer ‘represents’ the system, but becomes the system itself, programmed and isotropic, and within it the various functions are contained homogeneously.……The factory and the supermarket become the specimen models of the future city: optimal urban structures, potentially limitless, where human functions are arranged spontaneously in a free field.” Martin van Schaik, Otakar Máčel. Exit Utopia: Architectural Provocations, 1956-76. Delft: IHAAU-TU Delft, 2005: 160.

[3] “In Utzon’s work, addictive architecture should be seen as a method more than simply a concept or vocabulary. Aalto used a concept similar to addictive architecture, ‘flexible standardization’……Aalto states, ‘The difference between technological and architectural standardization is that the technological path leads to one type, whereas sensible standardization leads to millions of different types.’” Michael Asgaard Andersen. Jørn Utzon: Drawings and Buildings. New York: Princeton Architectural Press, 2014: 163.

武夷山竹筏育制场

项目名称: 武夷山竹筏育制场

业主: 福建武夷山旅游发展股份有限公司

项目地点: 福建武夷山星村镇

项目功能: 制作厂房，储藏，办公室，宿舍

设计单位: 迹·建筑事务所（TAO）

主持建筑师: 华黎

设计团队:华黎、Elisabet Aguilar Palau、张婕、诸荔晶、赖尔逊（驻场建筑师）、Martino Aviles、姜楠、施蔚闻、连俊钦

基地面积: 14,629 平方米

建筑面积: 16,000 平方米（其中制作车间 1519 平方米，办公及宿舍楼 1059 平方米）

建筑材料： 素混凝土结构，混凝土砌块外墙，水泥瓦屋面，竹格栅遮阳，木门窗、扶手

设计时间: 2011 ~ 2012 年

施工时间: 2012 ~ 2013 年（制作车间、办公室及宿舍楼，仓库楼未建）

摄影: 苏圣亮

回归本体的建造——武夷山竹筏育制场设计

武夷山作为世界自然和文化遗产，每年要接待大量游客，旅游业成为当地主要产业。九曲溪竹筏漂流是武夷山旅游中一个重要项目，游客乘坐竹筏沿九曲溪顺江而下，武夷山核心景区的风景可以尽收眼底。竹筏是一种南方常见的水上交通工具，历史悠久。武夷山的竹筏采用当地毛竹制作，一般一张筏由八根毛竹制成，长约八九米，宽约一米，漂流时将两张筏并成一张，上置竹椅，可乘六人，由两名排工撑船。由于江水湍急，竹筏会与江边的岩石发生许多磕碰，加上竹材本身易腐，因此竹筏寿命一般在半年左右。而竹筏漂流接待的游客数量巨大（每年120万人，最高日接待量7600人），竹筏损耗也巨大，因此每年都需要制作大量新竹筏。

竹筏制作是一种传统工艺，每年11月采集毛竹，削皮晾晒一个月左右之后可用于制作。制作分三道工序，头两道是烧弯，就是用火将竹子的头和尾烤软后弯制，分别形成筏头和筏尾。一般是先弯筏尾，然后交给下一人弯筏头，筏头弯曲大，弯制时间较长。弯制之后的第三道工序就是将毛竹绑扎在一起制成竹筏。过去当地的竹筏制作都是手工作坊模式，大多散布于九曲溪沿岸。竹筏是排工的个人财产，由排工自己去市场购买毛竹然后交由制作作坊来进行制作。近年来，由于传统作坊分散于九曲溪沿岸会产生一些垃圾倾倒河中不易管理以及烧制的烟雾污染等问题，武

夷山旅游管理公司希望能建设一个让竹筏制作相对集中，以利于环境保护和生产管理的设施。项目选址在星村镇乡间的一块台地，为一废弃砖厂的旧址，距离漂流码头约三公里，竹筏在这里制作好后由卡车运输至码头下水。根据任务书，竹筏育制场主要由三栋建筑构成：毛竹仓库、制作车间、办公宿舍楼，并且要提供足够的竹子晾晒场地。按照计划，每年冬季有两万多根毛竹在此晾晒后放入仓库储存，之后于一年内在制作车间被加工成1800张竹筏。而办公宿舍楼则为工人和管理人员提供生活服务。

地域

设计之初，我们对当地的建筑资源和建造方式做了调研。武夷山地区过去有很多体现地域传统的建造方式，例如当地乡间砖厂普遍运用的竹结构，用轻盈、简便的方式实现较大的跨度，体现了高超的传统建造智慧，令人印象深刻。其他如村落里的木结构、夯土墙等，亦充分体现就地取材的特征。但如今大多数建造都已采用工业化方式，包括乡村地区均以现浇混凝土建造体系为主。传统的竹、木、夯土等基于自然资源的建造因为不能满足现行规范也无法进入主流建造体系。建造之地域性的特点因为处在向工业化转变的时期而变得模糊不清，就像绑扎竹筏过去用绳索，现在使用铁丝，也是工业化的

结果。当地甚至还有人一度提出用玻璃钢来仿毛竹制作竹筏的设想，理由是更耐久，只是因为当地毛竹资源非常丰富才作罢。由此可以更好地理解地域性建造实际就是地方资源条件变化导致传统不断演变的结果。只是武夷山地区的工业化程度不高（主要发展旅游业和农业，工业基础实际相对薄弱），建筑业仍辅以大量现场和手工建造方式。

基于项目所处的地域条件，以及项目预算较低（竹筏厂作为制造单位本身不能直接产生经济效益，因此业主想要严格控制造价），设计一开始就立足于充分运用当地资源来建造，结合对当地材料、施工条件的调查以及厂房防火的要求，考虑用钢筋混凝土现浇体系以及当地非常普及、可以就近生产且价格便宜的混凝土空心砌块作为可能的主要材料来建造。

场与厂

一个有意思的事情是竹筏育制场的项目名字有时会误写为育制厂，厂和场一字之差，却恰好开启了对项目场所意义的思考。厂一般来说指一个生产性的功能空间或区域，而场意味着一个领域，暗含了其与环境、行为的关系，以及内部各要素之间的关系。“场”暗含的意义将思考引领至场地以及每栋房子的场所特质，例如地形、风、光、景观、氛围等，以及它的建设与环境的关系。而“厂”指涉着工业建筑单纯的功能性会拒绝多余的东西，这样的建筑应该是直截了当不说废话的，厂的建筑应该具有一种朴素性格，它应该回到对采光、通风、尺度等非常本体的建筑问题的思考，而在建造层面也可以更清晰地表达结构与材料的性格。

规划

建筑布局主要结合场地特征和当地气候来考虑，用地呈不规则的 T 字形，北部比较狭窄。由于三栋建筑都需要很好的通风，因此窄进深长条状的建筑是自然推导出的选择，建筑呈线性被布置于场地周边，以增大通风的界面，并在中间围合出空地作为毛竹晾晒场和周转区。仓库布置在场地南边的山脚下这一侧，保证整个场地在面向开阔田野的方向上空间不被阻断。制作车间布置于场地北端的东、北两侧，处于下风头，减少烟气影响。办公楼与仓库相对布置，让出正对厂区主入口的庭院，保证主导风向不被阻挡。围绕晾晒场形成车行环路，便于竹筏的运输。处于台地上的建筑体量的高度也由南往北逐渐降低，与山势、田野和周边的建筑相协调。

毛竹储存仓库

仓库是最大的一栋建筑，它的体量是由要容纳 22000 根九米长的毛竹决定的。仓库高度由南向北逐渐由四层跌落到两层，与北侧一层的车间尺度相适应。仓库的实质是毛竹居住的房子（人只是去里面取用），通风是最重要的，要保持竹子的干燥防止发霉腐烂，所以毛竹的排列在平面上与主导风向一致，与建筑的方向形成一个角度，这样做同时减小了建筑的进深（如果毛竹垂直排列建筑进深将达到 27 米，对采光通风都是很不利的），有利于改善内部采光，且便于取用。毛竹的排列方式自然衍生出建筑立面的做法——对应毛竹存放单元序列用立砌的空心混凝土砌块墙形成了折线锯齿状的通风外墙（建筑没有保温要求），这样保证风进入每个单元沿着竹子缝隙穿过以实现最好的通风。沿每层楼板出挑的每层屋檐则防止雨水进入，同时在立面上形成连续的横向线条，以加强建筑的水平感，弱化其四层尺度的压迫感。建筑采用混凝土框架结构，主要柱网的尺寸是 6.5 米，适应于毛竹排列角度。

制作车间

制作车间内的平面布置基于竹筏制作工艺的流程。如前述，每个制作单元有三名工人和三道工序组成：烧尾、烧头、绑扎。为了便于毛竹的传递，三道工序需要垂直于毛竹方向并列在一起，这样传递距离最短。毛竹在烧制中还需前后移动，所以要有一个进深足够大的工作空间。根据毛竹长度和移动距离，车间形成了一个进深方向上达 14 米的大跨度空间。在长向上则根据工作单元的数量灵活组合。大车间为东西向，容纳了四个工作单元，长度达到 50 米；小车间为南北向，容纳两个工作单元，长度 27 米。两栋车间呈 L 型布置，便于运输。

由于建筑进深很大，处理光线分外重要，要尽量利用自然光，同时又要避免眩光。我们通过观察工人的工作方式，发现烧制时因为有明火，并不需要太多自然光，周边暗一点，反倒可以保证工人的专注度。而绑扎则不同，需要比较明亮的环境。建筑在剖面上的设计就是基于这个观察，在烧制区域，由平的屋面板形成净高 3.6 米的空间，只有少许自然光从侧面进入，相对较低和较暗的空间保证工人在烧制时对火点的专注。而毛竹准备区和绑扎区则采用侧高窗引入天光（其中大车间采用北向高窗；小车间的侧高窗为南北向，因此侧面玻璃处理成垂直以防止直射眩光），形成柔和的漫射光环境，建筑在剖面上因此形成了平屋面与斜屋面、低空间与高空间间隔布置的节奏，并直接体现到外部形态。起伏而有节奏的建筑屋顶造型在暗示内部使用的同时，也与周边山势产生了一个有趣的对话。在构造层面屋面结构全部处理成反梁，这是为了在室内形成由楼板形成的面来塑造更纯净的空间效果，减少了梁的视觉干扰，空间更多成为背景，可以让人在其中更专注。

在平面上，则区分出服务和被服务空间，主工作空间是一个 14 米跨的无柱空间，成为被服务空间，它的一侧是进深约 3 米的休息区作为服务空间，两栋车间休息区的处理因朝向不同而有所不同，大车间朝东侧与相邻茶厂距离很近必须设防火墙，因此休息区形成间隔布置的内向庭院，提供内向景观以及采光通风。而小车间的休息区正好面向北边的田野，因此北侧全部透明，将外面的景色引入。主空间另一侧则是利用混凝土结构柱的 1 米进深形成的服务墙，即在结构柱之间通过混凝土砌块墙体的正反凸凹形成的凹龛座椅和设备空间，这样可以在墙的内外两侧给工人提供休息处，并隐藏了消火栓和水池等设备。墙与柱的齐平使柱隐没，空间里因此感觉不到柱的存在，使工作空间更完整。在服务墙与混凝土顶板之间形成的 T 字形玻璃窗因为外面的挑檐以及墙的厚度避免了光线的直射，T 形窗的高处让光线通过混凝土底板反射的方式进入，而低处则允许工人向外面的场地瞭望。

车间内因为有松木燃烧明火造成的大量烟气，通风很重要。设计在斜屋面高出部分的两侧采用立砌的空心砌块来实现进深风向上的自然通风，而且夏天可以带走积聚在上部的热气起到降温的作用。在服务墙的座椅上方也采用同样办法来加强自然通风。在武夷山的气候条件下，车间无须保温才使得这种通风方式可行。而结构的直接外露也来源于此，这使建筑的结构与填充墙的逻辑关系在室内外均清晰地得以表达。管线大部分预埋于混凝土屋面板结构中，使结构更干净地被表达。建筑屋面采用了架空隔热屋面做法，应对当地的炎热气候。

办公宿舍楼

办公宿舍楼布置在场地入口的北侧，一层为办公和竹椅制作空间，二层为工人宿舍和食堂。设计将走廊布置在南侧面向中间场地方便进出，房间布置在北侧，获得远处田野景观，同时有利于隔热。与仓库和车间不同，建筑有保温要求，为避免冷桥，在构造上不宜将结构直接外露，建筑外墙全部用混凝土砌块包裹，同时采用内保温的方式，门窗的混凝土过梁外露以反映砌体墙受力逻辑。在部分隔断墙以及宿舍的阳台外墙采用空心砌块立砌以通风并产生立面的变化。建筑平面以砌块尺寸为模数单元来保证砌体的精确交圈。二层南向外廊采用竹子形成竖向遮阳格栅，利于隔热通风，也保护宿舍的私密性。

材料与建造

建筑所用材料均来自当地，建筑主体采用素混凝土结构和混凝土砌块外墙，屋面采用水泥瓦，竹、木作为遮阳、门窗、扶手等元素出现。所有材料都秉持相同的原则——以不作过多表面处理的方式出现，呈现材料自身的特点。混凝土上模板留下的木纹也成为一种细节。

建造过程中混凝土浇筑也是一次挑战，过去当地施工方习惯于使用现场搅拌混凝土，这是第一次用商品混凝土，流动更快，再加上斜屋面施工，因此对于浇筑和振捣的控制都有一定的难度。大面积的屋面浇筑为了防止模板支护沉降变形，需要工序上先浇筑混凝土地面垫层再架设脚手架。而屋面的反梁做法也对钢筋绑扎、模板固定和浇筑的工序有特殊要求。尽管是工业化的建造方式，但在当地现实条件下对施工的控制仍然存在诸多困难，助手在近半年时间驻场工作才保证了建造完成度的控制。即便如此，最终还是有很多没做到位的地方，例如，本应按模数精确对位的砌块墙因为加工尺寸有误差，工人没有意识到用砂浆的宽度来消化误差，最终导致误差累计用砍砖来“填空”，导致部分砖缝的错位（因为成本原因无法返工），这些错误不得不保留，成为工业化建造方式中不那么精确的手工“注脚”。

思考

“Sheet aluminum is sheet aluminum”——Donald Judd[1]

回顾竹筏育制场的设计过程，发现似乎没有先入为主的形式偏好，建筑实际只是从对场所、功能的思考和回应一步步推演的结果。这大概是因为在所有建筑类型中，工业建筑往往因为功能性和经济性的诉求而回到更加关注建筑本体问题的一种状态，围绕建筑的功能需要展开对结构、采光、通风、尺度、材料、建造等基本问题的探讨，反而摆脱了形式意义问题的纠缠，不能说没有形式，形式只是自然呈现的结果。工业建筑的这样一种朴素状态，反倒不自觉地成为对消费时代里建筑作为图像和符号往往背负过多本不属于它的意义这一现象的抵制。这其中隐含的伦理既是：建筑只代表它自身，而非它者。就如艺术家 Donald Judd 所说：“存在的事物存在着，一切尽在其中。”[2]。Donald Judd的作品运用工业材料和极简的形式就是为了探索物体的自主性，抵抗意义的延伸和堆砌。当代建筑太经常地被建筑之外的话语（Discourse）探讨所裹挟，文学的、哲学的、语言学的、社会学的、政治学的等。甚至令人觉得建筑师或理论家如果不从这些领域去寻找建筑的思想源头就无法证明建筑的意义和其形而上的高度。然而用观念去阐释建筑也是危险的，因为它随时存在过度释义或强加意义给建筑的可能，在各种引申、关联、隐喻中建筑反而偏离了自身。对我来说，用文字语言来阐释建筑无非是梳理和还原建筑产生的思考轨迹，然而对于任何建筑来说，最好的解读还是建筑自身。

注释与参考文献：

[1] Donald Judd, Safe from Birds, Richard Shiff, Donald Judd, p.117

[2] “Things that exist exist and everything is on their side”,Donald Judd, Safe from Birds, Richard Shiff, Donald Judd, p.117

迹．建筑事务所（TAO），由建筑师华黎于 2009 年在北京创立，是当今中国建筑领域最活跃的设计团队之一。在 TAO 的实践中，建筑并非仅仅被视为一个形式物体，而是被理解为一个与其环境不可分割的有机体。TAO 的项目大多处于具有鲜明的自然以及历史人文特征的场地中，其设计实践通过深入挖掘建筑的场所意义以及充分运用此时此地的条件，营造根植于地域文化与环境的建筑和景观，并诠释其营造过程中涉及的丰富意义。场所精神、场地及气候回应、当地资源合理利用，以及因地制宜的材料与建造方式等命题的探讨，构成了 TAO 每个项目工作的核心内容。TAO 的主要设计作品包括：云南高黎贡手工造纸博物馆（2010 年）、四川孝泉民族小学灾后重建（2010 年）、武夷山竹筏育制场（2013 年）、林建筑（2014 年）、四分院（2015 年）、将将甜品店（2016 年）、Lens 空间（2017 年）、保山新寨咖啡庄园（2018 年）等，曾赢得过亚洲建协奖；2013 年阿卡汗国际建筑奖入围；2016 年、2018 年 BSI 瑞士建筑奖提名；美国建筑实录杂志评选的 2012 年全球设计先锋以及最佳公共建筑奖；中国建筑传媒奖青年建筑师奖以及 WA 建筑奖等多个奖项。TAO 的作品多次受邀在国际建筑展中展出，包括 2018 年威尼斯国际建筑双年展、2016 年柏林 Aedes 再兴土木展、2015 年纽约中国当代建筑展、2014 年威尼斯双年展 ADAPTATION 中国建筑展、2013 年维也纳当代东亚建筑与空间实践展等。

魏 娜

魏娜，WEI 建筑设计 / Elevation Workshop 的创始合伙人、主创建筑师，同时执教于中央美术学院建筑学院、清华大学建筑学院。她毕业于清华大学建筑学院获建筑学学士，后深造于美国耶鲁大学建筑学院获建筑学硕士。

魏娜凭借着女性建筑师细腻的感知力和领悟力，主张以个人情感为出发点，将感性代入设计的"情感设计"。在过去的八年里，不断探索如何创造以意境为主导的建筑空间，并使之与使用者的情感体验互动共生，打造一个能够激发和承载更多个人感受的"弥漫空间"。

在 2015 年北京国际设计周期间，魏娜与 CBC 及建筑之外合作，作为策展人组织了"为儿童而设计"板块的展览事宜，并创立了"为儿童设计"的设计师联盟。同时，魏娜作为 YaleWoman 中国区组织委员，积极参与创业女性的社会活动。

2016 年《人民日报》评价她为"北京最具影响力的女性建筑师之一"。2017 年魏娜荣登 AD100 榜单，被评为"中国 100 位最具影响力建筑设计精英"。

Q **您是清华大学的建筑学学士和耶鲁大学的建筑学硕士，我很好奇这两所学校所在的两个城市分别给了您什么感觉？在求学的过程中是否有印象特别深刻的事情？这些生活体验对您之后的设计创作产生了什么样的影响？**

A 清华大学和耶鲁大学对应的两座城市分别是北京和纽黑文。北京对于我而言不仅仅是求学，更是我生活成长的故乡。我骨子里面的很多想法都与这个城市息息相关。尤其在国外工作了很多年后，这种感觉来得更加强烈。这也是为什么我们选择在胡同里办公。清华对我的影响是深刻且长久的，我现在还记得入学的第一节课上，当时建筑学院的院长秦佑国老先生对我们说的话："很高兴大家能来到清华大学建筑学院读书，能不能成为一个好的设计师，在你出生的一刻就已经决定了。但是未来这几年的学习，大家还是可以成为合格的建筑师的……"（大致如此）。这句话对我触动很大，在这么多年的工作和教学经历中我渐渐发现，建筑设计行业的确需要天分，但也离不开努力。如果没有足够的努力，其实永远不知道自己是否有这个天分。清华对我的另一大影响，是在我加入话剧社之后。我曾经是一个极其内向的人，也很害怕在很多人面前说话。入学的时候恰逢艺术团招生，我为了强迫自己锻炼与人交流的能力便加入了话剧社。虽然我依然没有改变羞于说话的问题，但当我站在舞台上、大幕拉开、灯光打下来的时候，观众仿佛并不存在了，能看到的只有身边的搭档而已。我们一起演绎着别人的故事，体验着不一样的人生，这种感觉和我做设计时一模一样。我现在在教学生们怎么用"情感设计"的方法论来做设计，但在备课的过程中我发现建筑学领域内相关的知识太少了，反而在演员、导演、心理等学科里找到了很多对设计很有启发的内容。除此之外，我在清华上学期间，也接触了很多不同的优秀的人，做了一些对自己更有挑战的事情，比如分别去了马清运和张永和老师的建筑事务所实习，这些经历都对我之后的发展很有影响。

耶鲁大学坐落在纽黑文，与学校相比，这座城市并未给我太多触动。我在那里待了两年，前半年语言不通，再者当时生活紧张，我当时虽然拿到了耶鲁有史以来的最高奖学金，但也只是一半的学费。为了继续学习，我同时要打四份工，都是一些学生身份可以合法做的体力活和助教等职位。每天都在辛苦生活、认真学习、努力做设计，也没有精力想别的事情。但是这四个学期的生活，对我之后的设计影响非常大。第二个学期的设计课我尝试把建筑当作一种表达语言，以此来翻译当时中国的先锋话剧《恋爱的犀牛》。同学们都觉得我疯了，但我的老师依然支持我继续做下去。时隔这么多年，我依然记得他给我的评语，说我对设计有一种非常不一样的思考，虽然不知道它们是从哪里来的，但希望能继续坚持下去。最后一个学期我的老师是扎哈·哈迪德，她那时刚获得了普利兹克奖，这对同为女性的我鼓励很大。我从小就对空间和时间给予人的这种四维的经历很感兴趣。她的作品体现出的在三维物理性空间中时间以及动感动态的延续变化，虽然在现在看来可能与我追求的超越形式的理解还不同，但当时已足够吸引我。她真正成为我的英雄，令我崇拜的地方是她的坚持，永远不随波逐流，尽管各方面压力再大，她也一直坚持她的追求。我在这里也要感谢业内对我们的认可。九年来我们建成的项目其实并不多，这和我对待项目的方式有关。每个项目中我都在坚持我们的设计理念，坚持做好的作品。我也遇到了很多压力，但想到扎哈就又觉得我还可以坚持。应该说是耶鲁大学给了我很多机会去结识不同的人，他们也都在不同的领域影响了我很多。

Q　学业结束后，您在纽约工作了很久，事务所的工作给了您什么样的体验和经历呢？对您独特的创作思路有没有新的推动？

A　为了生活，我在毕业前的暑假就开始在纽约工作了。当时选了纽约排名前五的大型商业事务所，事务所的三个创始人中，有一个对我很好，不仅器重我，还让我负责很多重要项目的设计。全公司100多人，刚毕业的我就有了自己的办公室，而且就在各个合伙人办公室的对面。因为办公室都是透明玻璃隔断，公司同事叫我“鱼缸里的姑娘”。但在完成多个实际项目后我开始产生困惑：形式化的设计我一天可以出好几个方案，然而我心中的建筑设计追求并不是一两张夺人眼球的效果图。真正吸引我的是建筑空间带给人的丰富经历。后来我主动要求从方案设计转做施工图和项目管理。在老先生去世后，我转去荷兰鹿特丹的OMA接管了深圳证券交易所项目的项目经理。

Q　2009为什么选择回国开始艰辛地创业呢？后来又是怎么产生“弥漫空间”——情感设计这样的定位的？

A　成立WEI建筑设计事务所的时候，我需要把脑子里模模糊糊的想法表达出来，作为一个切入点，引导我们事务所在以后的发展中沿着一个方向不断探索、深入发展。过去的八年里，我们对“弥漫空间”的理解在不停迭代。“弥漫空间”Suffused Space，以意境为主导，以情感为依托，超越形式、模糊边界。它是一种状态，一种说不清却一定会被感知的状态。它给人提供一个可以承载经历、引发顿悟的场景。

我反对方法式教学，反对学生们因为过度追求形式语言而偏离了建筑与人共生的本质。刚刚开始在中央美术学院教书时，我就在反思，我应该教给学生们什么；后来，我想不如就把我的设计过程介绍给学生们，看看是否能引发学生自己的思考。然而，设计师的设计过程都像是个黑匣子一样难以说清。为了能在教学中让学生更好地理解，我就需要不断反思，分析自己的思维过程，进而拆解出相应的设计过程和设计方法。当学生们去尝试时，他们也会发现问题，然后对我提问。我再根据学生们遇到的问题进一步回到自己的黑匣子里进行分析和拆解。几年来的教学中不断答疑解析，一步一步最终有了现在的思考。

Q　有没有写书的想法？

A　新书马上就要出版了。过去很多人让我写“弥漫空间”的事情，我写了很多年还没有完成的原因是因为每次我落笔时都发现我对它又有了新的想法，这种不停迭代的过程让我无法最终定稿。后来发现“情感设计”作为“弥漫空间”的一部分，它的实操性更强。在国内外几所高校用“情感设计”进行了几年的教学实践以后，我们去年开设了国内第一个线上设计课，在 APP 平台上同时教 100 个学生做建筑设计。他们来自全国各地，背景迥异，有建筑学专业的各年级的学生，有工作了很多年有丰富工作经验的专业建筑师，还有完全没有建筑背景的建筑爱好者。这也让我们发现，“情感设计”可以自成一条线，平行于其他方法论。

Q　建筑师是很辛苦职业，身为女性建筑师，您认为性别在工作中有什么优缺点呢？

A　我渐渐意识到一些学建筑的女性会把我们这些有工作经历的女性建筑师看作榜样，这是任重道远的事情。很多人，尤其是女孩子的家长，会问我女孩子学建筑是不是会太辛苦。其实，我觉得从事任何行业要想做出与众不同的成绩都需要辛苦努力。到目前为止，女性在职场中的弱势地位其实还未改变，全世界都一样，这与历史上男女的社会分工密切相关。所以女性建筑师受到的压力可能更多地来自家庭和社会，而不是专业本身。建筑是一个需要平衡感性与理性的行业，我一直说的“情感设计”就是从感性出发，经过理性的分析，最后回归感性决策。在我们多年的学习中，所有的教学体制都在教育我们如何理性地分析和解决问题，但感性是天生的，能不能在理性为主的社会中留住感性，虽然让感性引领理性很困难，但女性在这方面确实有天生的优势，如果能在设计中合理地使用是很有帮助的。

Q　有没有最得意的作品？

A　我喜欢的作品一直都是能启发我下一步往前探索的项目。在美国雪城大学的讲座上，我挑了我们的六七个项目。讲完后学生和老师们都很激动，他们认为我们的项目是具有连续性的。Songmax 和日照规划馆作为我们事务所连续性实践的起步是有很特殊的意义的。这几年完成的 WHY HOTEL 以及小溪家也都有一些自我突破的内容。每个项目都是我们成长的台阶。

Q　**事务所未来十年的期望是什么？**

A　小范围里希望有更多人认可我们，能看到我们坚持的理念是有价值的，让我们有机会能把理念投入到更多实践中去。大范围里希望有更多人一起加入我的思考，让大众开始意识到建筑设计是需要满足人的情感需求的。

WHY Hotel

工作内容

· 酒店改造 · 独栋加建

· 室内设计 · 景观设计 · 家具设计

完成时间

· 2015 年 10 月

项目规模

· 占地面积：2100 平方米，其中加建面积：310 平方米

· 建筑面积：990 平方米 (33 床位)，其中加建建筑面积 :360 平方米（7 栋温泉庭院别墅）

施工团队

· 北京贝盟国际建筑装饰工程有限公司

· 洪雅竹元科技有限公司

WHY 酒店是一个改造加建的项目。这里原来是卡通主题的温泉农家院。业主希望将原有砖房进行改造，并在当时作为停车场的 300 多平米的地方加建一个含 7 间独院标间的房子。作为私汤温泉酒店，改造后的酒店要满足每套客房都有自己完全私密的户外汤池。

在整个环境的打造过程中，我们将人自然的行为路径及心理感受做了一系列的图形解析，了解已有建筑布局对人的影响和作用。在这些分析的基础上，我们设计了两种路径。一种是环绕中心开场公共区的环路，满足主要流线的便捷与通畅。另一种则是编织在主要路径之上，穿梭于竹林间，引导客人进入每一个独院的小路。

中心开敞区域是温泉泳池。从中心向四周发散，是越来越密的竹林。除了温泉的蒸汽，竹林里还设置了喷雾系统，以辅助维护竹子的常年稳定的湿度。竹林和院子的边界是一周波浪起伏的围墙，用竹木材料竖向跌错地搭接，以作为竹林的延续。从竹林到围墙，由疏到密，创造的是一种由空间到空间界面的渐变过程，同时又满足了围挡和划分私密空间的功能需求。

从建筑功能方面考虑，我们希望建筑体本身能够体现私汤酒店功能上相互独立的关系。我们通过严谨的功能场景的分析，把每个房子需要的基本功能空间独立出来，找到最经济合适的尺寸和内部布局，每个基本功能场景都变成一个标准组块。然后我将七组组块凭感觉，似乎任意地分步在原定加建房子的三维空间里。当我们在现场体会建筑时，在这些基本功能体块之间的空间，那些看起来随意产生的地方，恰恰可以让人产生各种因人而异的惊喜。

无论是视线上的阻挡还是空间的分割，不应是通过简单的一刀切方式实现。我们希望通过设计隐藏和探索的线索，让客人在一系列的空间体验中，体会酒店个人的私密性和舒适性。

小溪家

建设单位：福鼎市太姥山旅游经济开发有限公司

项目地点：福建，福鼎

设计单位：WEI 建筑设计（WEI architects/ ELEVATION WORKSHOP）

设计顾问：吴彦祖及明星团队

主持建筑师：魏娜

设计团队：张尔佳，胡娴，苗九颖

施工单位：福建裕凯建设工程有限公司

建筑面积：275 平方米

完成时间：2017 年 8 月

摄影师：金伟琦

“远山一起一伏因有势，曲檐或高或低为有情。”

我们选择了村里小溪崖边一栋被遗弃的老房子和它旁边的两个羊圈，将它们改造为一个两层的主房和一层的客舍，两栋建筑之间是连廊和园林。

以意境为主导，以情感为依托。

踏上小溪村土地的那一刻，我就被这个环境感动，这种感动主导了近乎用直觉完成的整个设计过程。我们希望改造后的“小溪家”是一个有生命的房子，依然可以和谐地融合在这个已有的环境里，并能呼应自然和人的亲密关系。它就像一棵树一样，植根于这片土地，在生长的每一刻都是属于这个环境的独一无二的一部分。

景观先行，融于自然。

景观先行，是指设计需要从对周边环境的理解和感受开始。在设计中，我们将空间设计转化为对人经历的设计。人的动线、视线和远山、近景、老房子之间的关系成为每个空间场景设计的线索。

老房子一层小庭院的挑檐，原结构是非常有趣的曲线斗拱。改建的时候，我们将这种弧线延续，并和其他房檐一起做整体考虑。曲檐的高低起伏，都是被这样的环境感染而自然形成的设计。低矮谦逊的屋檐、连绵的远山、山间的云雾以及路边的白茶园给人一种自然和谐的感觉，同时也继承了中国南方常见的曲檐传统。

回收材料，继承传统，被动式降温。

房屋采取了传统的榫卯结构与木质围护，使用的大多数材料都是从周边地区回收的老木料、老门窗。当地工人根据材料的情况，因地制宜，手工加工，因此房屋的每个细节都带着人的温度。

当地的老房子有很多有趣的门窗，我们保留了这些独特的细节，并设计了“会呼吸的窗”。即在用于采光和观景用的通透玻璃窗下面，加做一条通风窗带，窗带上设置了纱窗和木隔栅。利用当地季节性风向变化，夏季溪边吹来凉爽的风从这里进来，然后热空气从二层屋面的自动天窗及分布的几个排风扇排出，加强对流，从而形成节能环保的被动式降温除湿的作用。

WEI 建筑设计事务所

WEI 建筑设计（WEI architects aka. ELEVATION WORKSHOP）最初在纽约成立，后于 2009 年正式成立北京事务所。作为在中国最活跃的年轻事务所之一，WEI 建筑设计的项目包括从几十万平米的大型综合中心、几万平米的超五星级酒店到几千平米的美术馆、学校、幼儿园及规模更小的高端时尚零售店和儿童会所等。WEI 的作品已被包括 domus、中国的时代建筑、美国的 Archdaily、英国的 DeZeen、荷兰的 FRAME，德国的 Gestalten、日本的六耀社等世界十几个国家的五十多个杂志和出版社报道，并获得国内外多个奖项。2011 年，WEI 的山东日照规划馆设计被评为 2010 年“最阳光”设计奖。SongMax 项目获得美国建筑师协会纽约分会（AIANY）2014 年第五届室内设计大奖。WHY hotel 被评为 2015 年最佳新酒店、年度最佳酒店等国内外各种奖项，2016 年成为入选 Archdaily 全球“100 个最受欢迎酒店”唯一的中国项目。同时，魏娜也受到了包括美国 CBS（哥伦比亚广播公司）、中国经济观察报、中国建设报、中国搜房网、中国建筑新闻网等各领域多家媒体的专访，并在美国耶鲁大学、纽约雪城大学等世界多个国家的大学和机构举办了建筑讲座和参与建筑评论。WEI 的“小溪家”项目已成为中国最有特色的改造项目之一，并获得 2017 年度 RTF Sustainability Awards（RTF 可持续建筑大奖）。

代表作：小溪家民宿设计，北京 WHYhotel，亚丁悬崖酒店，桂林溶洞酒店，SongMax 女装店，沙滩四合院，米蒂跳儿童会所，鄂尔多斯第一幼儿园，日照规划馆。

国家一级注册建筑师

乡村营造专家

原中国乡建院副院长、总建筑师　王磊联合建筑事务所创始人

中国民族贸易促进会、中民盛联实业发展有限公司副总裁

逻辑推理和艺术相结合，本土文化和现代性相结合，遵循自然和地域性建造的原理。将自然界的光和建造用的土、木等视为亲密的伙伴。不断提升作为建筑师的社会属性，以解决社会基本问题为出发点，引领社会思潮和方向为目标，将毕生更多的精力投入到为更多大多数人服务的工作中。“从实践中来，到实践中去”。

建筑设计代表作：宁波慈城古县城衙署建筑群复原、新疆克拉玛依科学技术馆、北京佳隆国际大厦、中共中央办公厅秘书局办公楼、中国商务部驻印度大使馆商务参赞办公楼及家属楼、河南信阳郝堂村、武汉江夏小朱湾、烟台长岛北城村和莱州初家村、河北保定阜平龙泉关镇村、内蒙古鄂尔多斯准格尔旗布尔陶亥苏木尔圪壕嘎查。

Q 能否谈谈您就读本科和研究生的母校，以及所在城市给您的印象？

A 我本科毕业于河北工业大学建筑系，母校的基础性教学是很扎实的，在满足从事工程实践需要的工程技术知识、建筑知识和建筑表达能力的前提下，着重培养学生的科学、艺术素养和专业综合技能。从大一开始我们就练习素描写生、水彩写生、建筑表现等。天津的城市建筑具有丰富的多样性，既有传统的中国建筑，又有古老的西方建筑，于是便成了我们建筑基础训练的最佳素材。我的硕士毕业于南京大学建筑研究所，所里的教学把建筑构造与建筑设计紧密结合,侧重于建筑理论的深入探讨。南大的教学强调建筑的科学性，即建筑并非主观的想象，而是推理和逻辑思维的过程，这提升了我建筑设计的方法，给我的职业生涯奠定了完整的理论基础。我认为，建筑学院的选址一般都位于很有文化底蕴的城市，而天津与南京这两座城市都承载着厚重的传统文化。天津承载着传统的街巷文化，是一座东方与西方文化交融的城市，区域化划分明显，轮廓分明，彼此既对立又统一。南京则承载着中国的山水文化，是一座依山傍水的城市，从城市到山林仅一步之遥。我个人更喜欢南京的山水城市的感觉，这也是我无论在城市还是在乡村做设计的一个支点。

Q 在求学过程中印象最深刻的是什么？

A 印象最深的就是研究生阶段与导师赵辰老师去宁波慈城进行古镇的修复保护工作。当时我的任务是把整个镇的石材运用手法进行详细的测绘。于是我跑遍了慈城所有的大街小巷，向老工匠们收集工具、掌握技术口诀，把每块砖和石材的运用技法都进行了深度的研究。我整理出了一套完整的石构研究系列，而这次系统的研究对我的建筑事业起到了非常大的一个促进作用。

Q 什么机缘巧合使您成为一名乡村建筑设计师？

A 我研究生毕业后在北京市建筑设计研究院工作了八年，工作期间我接触到了一个公益设计项目，叫做北京打工子弟小学，设计地点在京郊的皮村。村庄当时的状态比较无序，校长孙恒租下了一块地，想把它改造为适合教学的空间，让孩子们在空间里能够安全舒适的学习。于是我投入到这个以村庄为载体的工作中去，工作期间有幸结识了著名的三农问题专家李昌平老师，之后李老师带我去看了他与孙君老师正在湖北以及河南地区开始的乡建工作。回去之后，我通读了一遍毛泽东选集，这对我的人生影响很大，我发现一个人的价值应该更多地投入到为大多数人的服务工作中去。虽然城市设计师也是为大多数人服务，但当时的情况是大部分建筑设计师的关注点几乎都在城市，很少有人关注乡村。于是我成了乡建院的合伙人，开始为农民服务、探索未来乡村模式的实践。

Q　可以分享一下您这五年乡村工作的体会吗？

A　前三年投入的精力非常大，可以说是用生命换来一个新农村。由于中国乡建院起步阶段的设计人员比较少，我当时仅带着一个徒弟展开了乡村的规划设计。随着设计案例的落地，团队也不断扩大到一百多人，其中也包括工匠、技术人员以及各个方面的专业设计师。就这样，我们建立了一个专业的团队，并有了一套完整的设计体系。我们在乡村都是驻场工作，难度是非常大的，不是画完图直接交给工匠去施工这么简单。乡村的工作是实时变化的，农民一有变化我们就要立刻做处理，在现场快速调整，从早上到晚上都一直盯着这个区域，吃百家饭，所以生活不规律是常态，以至于有一次我犯了急性阑尾炎被直接抬上了手术台。之后我们总结经验开始了控制性的工作，升级后的工作方法让我们的工作迅速的遍及全国各地。

随着全国对美丽乡村的意识逐渐加强，优秀的案例越来越多，而我们更多的思考是未来十年的中国乡村该如何走的问题。接下来的工作主要是以县城经济为主的产业聚集体，其中包括乡村和集镇，而我在这其中扮演的不只是一个纯粹的建筑师的角色。我把自己的角色放到社会性层面，从这个角度来说我们的工作更多的是解决社会的问题，其中包括产业整合、资源整合对接等，这是对建筑师未来的一个更高的要求。除了设计团队，我们还建立了个策划团队、投资团队和经营团队等，每进入一个区域，就把这个区域的农民通过村社共同体的搭建组织在一起，整个县的村社共同体组成了经营组织，然后与投资经营主体对接，以及捆绑运营销售平台。我认为，这样才能带动乡村未来的发展，而我们所说的乡村的产业才能形成。

Q　您对乡村未来发展模式的展望是怎样的？

A　我们正在全国探索以村镇产业综合体为出发点的圆梦广场与圆梦小镇模式，其主旨是以村镇产业综合体为基础的整个投资运营平台的介入。农民变成了股东，在整个金融大平台上有分红的同时也参与到经营当中去，这样能更好地带动整个县域经济的发展，特色小镇也是依托这样的大平台才能实现。随着设计的实施，我们的计划也在继续向前推进，依托中国民族贸易促进会的平台，明年开始我们计划做一百个这样的特色小镇产业，在革命老区，在少数民族地区等。

Q　您觉得自己最有代表性的建筑作品有哪些？

A　我认为是河南省信阳市郝堂村的乡建中心及村民活动中心，这个建筑是我踏入乡建工作的第一个建筑。它位于郝堂村村委会的东侧，被百亩荷塘包围，是进村的第一个重要建筑。功能是作为乡村建设培训和交流基地以及村民用来活动的空间。建筑面积 500 平方米，一层以大空间为主，二层是小空间住宿和办公空间。乡建中心是用村里的旧砖、旧瓦、旧石材、旧木料组合的新建筑，但同时又具有符合现代使用的功能。它体现了豫南民居的传统建筑精神，并植入了现代建筑空间的组合方法，这是它最大的特色，将各种材料合理组合以及建筑本身的细节在村建活动中也起到了示范作用，村民都在竞相模仿。乡建中心的建筑设计是我们做的一次乡村低成本条件下的新型健康节能型建筑的实验，即“乡村被动式建筑实验”。我们在这个实验里的目标是：首先，循环通风。建筑室内空气可以 24 小时不间断的循环通风；其次，无光污染。光源的通量可以根据室内需求随时调整；第三，防蚊蝇。基

本满足室内没有蚊蝇虫害;第四，无灰尘。使室内一尘不染;第五，降低噪声。使小于 90 分贝的噪声无法进入室内,营造一个安静的生活和工作环境;第六，节能。在不使用空调和暖气的情况下保持在冬季不低于 16℃、夏季不高于 24℃、相对湿度在 40% ~ 50%之间。我们用的都是土办法,管子做 PVC 管，将管子埋入大概十多米深的地下，一年四季都是横恒定温度。我们在夏天测试空气循环，结果比空调吹出来的风要柔和，因为它是自然散出来的。第七，室内空气含氧量高。可使室内空气中的氧含量提高至现在室内空气氧含量的三倍以上；第八，防盗。无须现在所用的防盗网，窃贼无法进入室内。

Q　您的创作灵感由何而生?

A　多年的乡村工作经历，我的创作灵感源自于地貌环境以及我对地域性前提下不同材料的属性的理解。例如木构、砖构的不同手法等，这是我在研究生期间掌握的基本能力。进入不同的村庄,我的灵感源自于周围的地貌环境。我在现场就能确定我需要什么样的空间以及用什么材料把它搭建出来以满足当地人生活的基本需要。这种感觉在办公室里是没有的，我们的设计基本都是现场讨论定稿，然后回到办公室来深化补充。我强调的不是把一个

建筑设计做得多么好，我希望这个建筑是符合更广泛的农民的需求，我觉得他们想要的东西是非常好的，但是没有人帮他们去翻译、去实现，我只是一个媒介来延续他们的主观思维。在乡村做设计最忌讳的就是你想要的农民不想要。所以人民性与落地性是很重要的，把设计与农民的生活紧密地结合在一起才能够在乡村落地，老百姓告诉我他们的需求，我用我的专业素养来帮助他们完成。

Q　**这些年乡村建设的实践有没有形成自己的建筑设计理念？**

A　我坚持以农民为主体性的低成本建造，关注点不仅是低成本如何实现，更重要的是通过合理的建造创造出乡村人与人的新型社会关系。一切从农民的实际情况出发，挖掘传统民间的建造技术并结合当代的新技术，在乡村建筑上做更多的技术突破；另一方面，我们要在更大范围营造出创造价值的良好社会关系，这两者是相辅相成的。建造是文化的再造，在乡村的建造过程，就是修复乡村破碎文化的过程。十多年的乡村营造工作让我们积累了大量的经验，未来十年我们将秉承“建设未来村，创造新生活”的口号继续前行。为中国文化复兴创造出一个又一个的新业绩。

克拉玛依科学技术馆

克拉玛依科学技术馆位于克拉玛依市新区文化体育中心区内，西北方向为世纪大道，东北方向为迎宾路。总建筑面积为61000平方米，建筑用地25400平方米。博物馆、科技馆、规划馆三馆合一，是克拉玛依精神的集中再现。建筑着重体现三个重要的地域特。一是“石油”，“克拉玛依”系维吾尔语“黑油”的译音；二是“雅丹”，系维吾尔语“险峻的土丘”之意，在一望无际的戈壁荒漠上，突然出现了数不清的土丘、垄岗，高低不等，纵横交错；三是“坚韧精神”，即20世纪50年代石油工人开发新中国第一个油井的艰苦创业精神。这三个主要方面为建筑外部形态、结构选型、内部空间、细节处理等方面根本立足点。

建筑外形和场地设计整体构思是模拟石油在地层内蕴含，通过一种力量使地层自然隆起，形体巨大倾斜、悬挑、错位等。立面间断的深色玻璃条窗，表明了石油在地层内存在状态。可以说地层肌理、原油蕴含、运动、侵蚀风化，人的力量等一系列整体存在方式，均体现在该建筑上。虽然是大体量的建筑，但力图营造接近自然的场域，让建筑削弱，从而与周围环境融为一体。强有力的错位倾斜和悬挑，外表皮石材多种肌理处理，均表达出克拉玛依人的朴实、坚强、艰苦创业的精神品质。

建筑外部形态和内部结构体系统一。用与建筑外部形态相吻合的结构灵活布置方式，取代传统标准均匀规格的框架式，采用现浇钢筋混凝土框架 - 剪力墙结构体系，利用中央区域楼电梯井形成核心筒，以增强结构的整体抗扭性能。由于跨度较大超出普通钢筋混凝土结构的适用范围，因此框架梁采用后张有黏结预应力，次梁采用后张无黏结预应力。中庭为跨度 36 米的无柱大空间，采用空间张弦梁形式，一端铰接一端滑动连接，建筑倾斜 45 度。将结构美学大胆的展现在室内空间，室内设计所有对位关系均依据结构逻辑，空间顶部的设备管线穿梁而过，进行细致周密的管线综合和结构梁开洞。结构逻辑的创造，使得建筑内部空间更加朴实、简洁，也从深层次体现整个建筑的设计意图。

武汉江夏五里界小朱湾乡村改造

小朱湾，武汉江夏区五里界街道童周村下辖的一个梁子湖畔自然湾，29 户 157 人。4 年前破烂不堪，没有像样的路，晴天一身灰，雨天一腿泥，猪屎牛粪随处可见，污水横流，房子大多是土砖房和红砖房，各项物理性能很差。仅有的 700 多亩土地租赁给了当代集团作为薰衣草园，年轻人都到外面打工，中老年人则在附近打点短工，这是一个典型的“失地村”和“空心村”。小朱湾的乡村项目初心，就是希望通过长期驻村实践，逐步营造出以“荆楚文化”为底蕴的未来可经营的乡村聚落。

荆楚建筑的人文精神内涵为“大气、兼容、张扬、机敏”;美学意境为“庄重与浪漫、恢宏与灵秀、绚丽与沉静、自然与精美”;六大风格特征则包括“高台基、深出檐、美山墙、巧构造、精装饰、红黄黑”，小朱湾在建筑和环境的营造中均有恰当的体现。木料、新旧砖石瓦等作为主要建造材料，运用这些材料建构出丘陵地带富于变化的建筑空间和室外环境空间，拓展农户用于经营的空间。若干个村湾公共空间（活动场地、池塘、菜地等），一家一户的前院后院，错综复杂的村内巷道，以及被体量削弱后的建筑外部空间等，共同搭建起一个丰富多彩的田园式立体乡村。

秉持“把农村建设得更像农村”、“三生共赢”、“经营乡村”等理念，以系统乡建的理论指导美丽乡村建设。项目落地方面深入农村，与农民生活在一起，真正了解农民需要什么，忌讳什么，搞清村内的宗族关系、矛盾所在、风俗习惯。开阔村民视野，协助他们制定村规民约和经营管理办法，请专家对村民进行经营性系统培训，制定统一经营标准等。村落旧房改造原则是以“最小的人为干预，最大的原乡体验”，依托于“荆楚”建造传统，尽可能保留村庄原有肌理，不大拆大建，充分挖掘村内的旧材料，新旧结合，废物换新颜。保留和改造老房子，赋予其新的生命。保留各个时期的建筑，使之并存于一个村庄，增强村庄的历史厚重感。致力于在村庄内部协助街道和村两委成立内置金融合作社（同舟支农农业合作社），通过资金互助和闲置资产的金融化入社，盘活农村三资，并通过合作社平台，让村民能够更有效对接政府和社会支农资源。

王磊联合建筑事务所成立于2014年，从中国乡建院旗下的乡建百年工作室发展而成。起步阶段更多的是围绕着乡村建设的规划和建筑、景观、室内等设计工作展开。多年的乡建工作中营造出若干知名的“中国美丽乡村”，其中不少村庄建设成为地区乡村发展的典型案例，并为中央农村政策制定提供有力依据。事务所在常年的以农民为主体的乡建工作中，也同时培养了大批投身乡村优秀青年设计师，凝聚了众多掌握地域建造技术的工匠，一直以来在中国乡村建设领域起到引领性作用。2016年6个乡村建筑获得第二批田园建筑奖。事务所业务范围主要在乡村建设、新型的村镇产业综合体、城市更新、文化性公共建筑等。在城市化快速发展的当今，更多的研究和实践会放在城市化和逆城市化的辩证关系上，如何实现城乡统筹发展，是其选择项目和实践项目的出发点。王磊联合建筑事务所联合了若干外部知名事务所和工作室、大型设计院、知名艺术家等一起协同工作，取长补短，形成有机的创作整体，为高完成度的设计作品奠定坚实的基础。事务所以策划、设计、落地实施的全过程服务于精品项目，并致力于实践中国的建造传统如何在当代，用现代性的方式得以表现，这是我们这一代青年建筑师的历史责任。通过不懈的努力，用严谨科学的方法，加上高品位的艺术修养，创造更多的优秀作品，展现中国文化的魅力！

张宝贵

中国亚洲经济发展协会公共艺术委员会会长，中国雕塑企业工作委员会主任，北京工艺美术大师。1995 年在中央美院举办个展，1996 年在中国美术馆举办个展，有的作品被中国美术馆、北京国际雕塑公园和世界银行收藏。先后为北京钓鱼台国宾馆、中国历史博物馆、首都机场 T3 航站楼、国家大剧院、北京奥运会、上海世博会等创作或完成雕塑作品。张宝贵三十年来始终坚持变废为宝的方法研究雕塑，2017 年和著名雕塑家朱尚熹一起在北京成功举办了“北京低碳雕塑园”，得到了雕塑界的关注。

生产 1 吨水泥排放 1 吨二氧化碳。

传统的建筑外墙板大都是 pc 板和清水混凝土墙板，一般厚度在 15 厘米，每平米重量 400 斤，每平米需要 100 公斤以上的水泥。

轻型墙板厚度可以在 3 厘米左右，每平米重量 80 公斤，每平米需要 20 公斤水泥。

从每平米 100 公斤的水泥变为每平米 20 公斤的水泥，减少了 80% 的碳排放。

世间本无废物
废与不废
不在物
在于人

用尾矿石渣做原料，用砖瓦灰砂石的废弃物作原料，产生了特殊的质感，粗犷、自然、古朴，为建筑师的设计提供了更多的选择空间，可以实现量身定做，建筑师的创意变得一切皆有可能，从 30 年前开始，一种不安分影响了另外一种的不安分，这些过程体现了生命的活力。变废料为原料赶上了低碳的说法，建筑师不但关心建筑的样式，建筑的理论，也关心建筑材料的变化，关心旧物换新颜的方法。石渣加的越多，越能阻止墙板污染，越能有效地阻止墙板的开裂。

宝贵的混凝土

山西五龙庙　王辉　设计

北京低碳雕塑园

昭君博物院　曹晓昕　设计

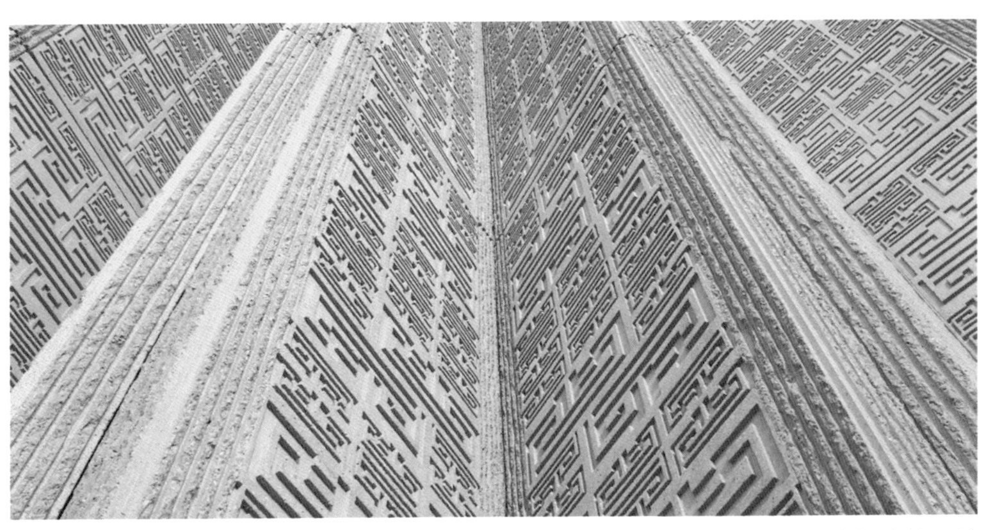

梁带村游客服务中心　彭勃　设计

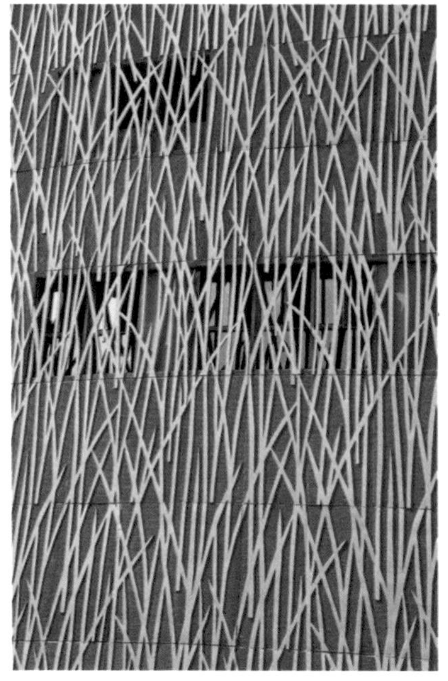

隆平水稻博物馆　王路　设计

延安大剧院　西北建筑设计院　总建筑师　赵元超　设计

世界葡萄大会博览园　意大利阿克雅设计院　设计

张家口三馆　法国　AS 建筑事务所　设计

晋中博物馆　单军　设计

自言自语 / 张宝贵

这三十年来，我打交道最多的是建筑师，和建筑师在一起，我喜欢说，常常跑题，跑得很远，那一会儿以为离开了柴米油盐，以为上帝临时借用了我的嘴，虽属自恋，好在兴奋的不是一个人。齐欣说“宝贵身上的那股朝气犹如沼气，一点就着。其火势之旺，足以将几百个听众烧得都跟吸了大麻似的”。

“宝贵的混凝土”让建筑师喜欢，“混”是混合的混，“凝”是凝固的凝，“土”是土地的土，人们喜欢土地带来的财物，可又怕被称为土，矛盾刺激了思考。

五十年来我生活在农村，和农民在一起，最早接触到土是黄土的土，最近接触的土是混凝土的土。为建筑师做墙板让我经常从未知进入未知，有如幽灵，漫无边际的游荡，也许是上帝安排我到人间来干混凝土的。用固体废弃物做，和农民一起做，一直很忙、很累、很苦、很迷茫，只有一个感觉最强烈，所有的都是在破解谜题，非我不可！

祝贺宝贵三十 年 / 崔愷

“宝贵”对我来说是个老朋友。20 世纪 90 年代初设计北京丰泽园饭店时就结识了宝贵大哥，一晃二十多年了，项目的合作、设计的切磋、样板的观摩、学术活动的支持，朋友间的小聚、无数次的交往使我们之间成了无拘无束的好朋友。

“宝贵”对我来说是个值得信赖的合作伙伴，每次项目合作他们不仅仅按我们的要求做样板，往往还提供多种选择，共同探讨设计和加工的可能性，不惜成本，甚至往往还不知道业主是否同意选用这种材料，在有很大风险的情况下也仍然愿意无条件配合，真令我感动和钦佩！

“宝贵”对我来说是一种文化，显然这不是因为它常常用于文化建筑，而是因为它的生存状态、它的发展历程、它的外在气质和它的内在精神，所透射出来的那股特别接地气的精气神儿！而宝贵大哥每每道来的那套肺腑之言，在我看来就是传承文化的道德经，有着强烈的中国特色，乡土特色！

宝贵之于宝贵 / 王辉

在近三十年里，中国经历了这样一个时代，不仅仅创造了三十年前中国人民不可想象的未来，也在创造三十年后的今天世界人民不可想象的全球的未来。这样的时代，需要英雄，也产生了英雄。张宝贵就是这样的英雄。

英雄脱离不开集体主义的色彩。如果说张宝贵是个英雄，他给他所服务的建筑师这个大集体最宝贵的贡献是什么？表面上看自然是他的装饰混凝土产品，有点石为金的魔力，可以让平庸的设计变得有力，让建筑师们个个都成为英雄。但这种评价过于狭义。大凡与张宝贵有过交往的人都会感受到，他带来的最宝贵的东西是能够激励每一个人的宝贵的正能量。

在我们这个多变的时代，成功的人既要有与时俱进的灵活，又要有以不变应万变的沉着。张宝贵不是顽固，他能够适时地把那二十多年前就已成熟的工艺演绎成最新的技术理念，诸如循环经济、环保、绿色、再生等。这不是简单的包装，而是每每有新的技术理念产生，都能引起他主动的共鸣与拥抱，并融汇到自己的体系中，一遍遍地再雕琢既成的思想。所以我们在他经常重复、依然洪亮的语言中，总是能听到新鲜的内容，总是能看到永远的活力，总是能悟到新的启示，近期张宝贵对“后土”命题的思考就是一个例子。

一个身份实为材料供应商的参与者，在每一个集体活动中，留给人印象最深的是他充满个性的个人主义。张宝贵的成功，把以往小写的个人主义颠倒成大写，让人们感受到一个这个大时代产生的有个人思想、个人意志、个人创造、和个人魅力的人，是那么可爱、可敬和可贵。我们需要把这种有人格魅力的为人处世，在精神上凝聚成一种可以推崇的主义。在一个创新的时代，没有创造出个人主义是种遗憾；没有崇尚这种个人主义，更是一种悲哀。未来的考古学在研究这个巨变的时代时，一定会挖掘出形形色色支撑这个时代的个人主义者，张宝贵就是其中之一。正是这种正能量，使张宝贵的混凝土升华成了宝贵的混凝土。

天津大学建筑学院

知難行易

RECORDING CREATION

INTERVIEWS WITH TOP CHINESE ARCHITECTS

思变轨迹

当代中国建筑师访谈录

第一本和第二本的关系

中国当代建筑访谈录系列至今共出版二册，第一册《思变轨迹》于 2017 年 1 月出版，本书已经是第二册了。为《思变轨迹》写序言的程泰宁院士曾讲到改革开放以来，中国城市建设和建筑创作面临着转型的迫切需要，“转型”意味着“思变”，而《思变轨迹》之名正合时宜。延续着访谈录的思路，作者创作了第二本《意匠创作》，本书特邀李翔宁先生作序，他从建筑历史和评论的角度说到：“也许顾勇新先生并没有将这项工作视作历史的写作，但这或许可以被视作一种中国当代建筑的口述史形式。相对于传统的史学论著，口述史料更加鲜活，也是不可复制的。”

后 记

《思变轨迹》出版后，编者有幸得到了圈内同仁的认可，还有不少建筑学子都纷纷表示能够如此生动地看到导师们的求学经历和心得是非常难得的；于是，第二本书也在此间酝酿出来，本书特别邀请并采访了天津大学张颀、同济大学李振宇和东南大学韩冬青三大建筑院校的院长，以及周恺、王幼芬、俞挺、祝晓峰、华黎、魏娜、王磊共 10 位优秀建筑师，深入访谈了他们在建筑学道路上一路走来的真实感受，最终在跨越 2017 年至 2018 年期间如约出版。

与此同时，我们也很荣幸地邀请到李翔宁先生为本书作序，非常感谢各位建筑大师和建筑教育家们在百忙中腾出宝贵的时间接受采访，也谢谢 10 位建筑师的助理和学生金磊、李传刚共同协助整理和提供出版资料。同时，本书制作也得到中国装饰混凝土装饰协会理事长张宝贵以及中国建筑工业出版社的支持！在这里我们衷心感谢各位对本书出版的积极配合与支持！感谢大家！

图书在版编目（CIP）数据

意匠创作当代中国建筑师访谈录 / 顾勇新，周小捷编著. — 北京：中国建筑工业出版社，2018.8
ISBN 978–7–112–22471–5

Ⅰ. ①意… Ⅱ. ①顾… ②周… Ⅲ. ①建筑艺术 — 中国 — 文集 Ⅳ. ① TU-862

中国版本图书馆CIP数据核字（2018）第165366号

本书采访了中国当代建筑界知名的十位建筑师以及建筑教育家，以图文并茂的形式分享了他们的观点，为建筑行业的朋友和广大热爱建筑艺术的读者们提供了宝贵的经验和知识。

责任编辑：张智芊
责任校对：李欣慰

意匠创作
当代中国建筑师访谈录
顾勇新　周小捷　编著
*
中国建筑工业出版社出版、发行（北京海淀三里河路9号）
各地新华书店、建筑书店经销
北京点击世代文化传媒有限公司制版
北京富诚彩色印刷有限公司印刷
*
开本：787×1092毫米　1/20　印张：9⅗　字数：189千字
2018年11月第一版　2018年12月第二次印刷
定价：88.00 元
ISBN 978-7-112-22471-5
（32100）